河海大学研究生
精品教材

国家自然科学基金项目（51979096）
国家重点研发计划项目（2022YFC3106102，2022YFC3106103）
装备预研教育部联合基金项目（8091B022123）
福建省海岛与海岸带管理技术研究重点实验室资助课题（FJCIMTS2022-03）

河口海岸工……动研究及应用

Research and Ap……on of Sediment Transportation in Estuarine and Coastal Engineering

黄惠明　林　祥　王义刚◎编著

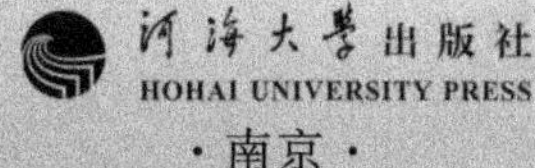

·南京·

图书在版编目(CIP)数据

河口海岸工程泥沙运动研究及应用 / 黄惠明，林祥，王义刚编著. -- 南京 ：河海大学出版社，2023.6

ISBN 978-7-5630-7914-8

Ⅰ. ①河… Ⅱ. ①黄… ②林… ③王… Ⅲ. ①河口泥沙—泥沙运动—研究 Ⅳ. ①TV148

中国国家版本馆 CIP 数据核字(2023)第 113235 号

书　　名 河口海岸工程泥沙运动研究及应用
HEKOU HAI'AN GONGCHENG NISHA YUNDONG YANJIU JI YINGYONG

书　　号 ISBN 978-7-5630-7914-8

责任编辑 张心怡

责任校对 金　怡

封面设计 徐娟娟

出版发行 河海大学出版社

地　　址 南京市西康路 1 号(邮编:210098)

电　　话 (025)83737852(总编室)
(025)83722833(营销部)

经　　销 江苏省新华发行集团有限公司

排　　版 南京布克文化发展有限公司

印　　刷 广东虎彩云印刷有限公司

开　　本 787 毫米×1092 毫米 1/16

印　　张 8.75

字　　数 223 千字

版　　次 2023 年 6 月第 1 版

印　　次 2023 年 6 月第 1 次印刷

定　　价 56.00 元

前言

本书的编写以河口海岸工程泥沙运动基础理论、数值模拟及物理模型理论、工程案例等水利类工程应用理论与概念的阐述为主。在充分收集和整理以往专业工程领域内关于河口海岸工程水沙运动的研究成果、相关标准规范等资料的基础上，全书内容主要涉及河口海岸的典型涉水工程如促淤围垦、挡潮闸、盐水入侵、航道、港池、桩墩基础等实际工程背景下的水沙运动方向和常用技术手段及方法研究，以切实践行学以致用而又能活学活用的理念为指导，以切实反映水利工程相关工程领域的专业知识、技术、成果为基本方向，注重理论联系实际，致力于达到理论指导实践、学以致用的目标。

本书内容针对现阶段学术硕士课程及专业硕士课程编写。内容主要面向港口海岸及近海工程、海岸带资源与环境、水文学及水资源等河口海岸水利工程相关专业学生。本书旨在以理论指导实践、学以致用为核心指导思想，对河口海岸工程领域的泥沙运动理论、方法、案例进行较为细致的介绍，注重运用专业技术手段、方法解决相关实际工程问题，力求与河口海岸泥沙运动相关的实际工程案例联系密切，通过直接面向工程应用，使课程教学更加情景化、动态化、形象化，以达到更好的教学效果。

在编写本书的过程中得到了诸多老师和学生的协助，特别是林祥、施春香、蓝尹余、张飞、祝慧敏、杨同军、王争明、张霖、张薇娜、袁春光为本书提供了大量素材，在此表示衷心的感谢。

由于编者水平所限，本书难免有谬误和不当之处，衷心希望读者批评指正，以便于今后改进。

编者

2022 年 1 月

目录

第1章 概 论

1.1 研究背景

河流是人类文明的起源，它不仅孕育了人类文明，而且滋润着人类文明的不断成长[1]。著名的尼罗河、恒河、黄河和长江都是古代文明的摇篮。同时，海洋占整个地球面积的71%，拥有丰富的自然资源和空间资源，与人类的生存和发展有着非常重要的联系。

河口地区则是陆地、河流与海洋、自然过程与人类活动相互作用最为强烈的区域，丰富的水源、便利的交通航运、适宜的气候环境为其社会和经济的发展提供了极为重要的条件[2]。入海河口是河流和海洋相互作用的过渡地带，同时也是盐、淡水的交汇区域。作为一种特殊的水体，河口的物理、化学、生物等性质及演化过程既不同于它的上游段河流，也不同于其受水体海洋。河口地区的河口环流、河口最大浑浊带、河口锋面等是驱动河口演变的重要动力，多种过程的相互作用也增加了河口研究的难度。同时，河口地区的发展很大程度上依赖于其资源环境条件，也因更为显著地受到人类开发活动的深刻影响，承受着巨大的资源环境压力[3]。

河口海岸地区作为海洋与陆地的过渡带，交通便利，资源丰富，经济发展较快，人口密集，在经济发展中都占有极其重要的地位。随着经济的增长，现代工业文明不断推进，人类对资源的需求日益加剧，但由于人类对陆地资源的不断消耗以及不科学开采与利用，陆地资源短缺成为制约人类经济发展的重要因素，也使得人类社会经济发展的增长点越来越多地转向海洋及河口海岸地区。

目前，合理开发海洋及河口海岸资源作为解决人类发展所面临的资源问题的一条重要途径已经成为世界各国的共识。在开发利用海洋资源时，应注意对海洋环境的保护，如果片面地追求经济发展而忽视了资源环境的可持续发展，这必然会导致海洋资源的严重浪费，对环境也会产生极为不利的影响。因此如何理顺海洋及河口海岸资源环境可持续发展与经济增长的关系，已成为国内外众多学者所关心的课题。

作为海洋大国，我国海域辽阔，渤海、黄海、东海和南海四海相通，海洋资源丰富，具有巨大的开发潜力。海洋及河口海岸地区经济已经成为我国经济发展的重要支柱之一。此外，海岸附近的许多岛屿一般具有岸线顺直、岸滩稳定、水深流顺等特点，是很优良的港址。建港后港内不易淤积，后缘面积比较广阔，有利于大型深水泊位的建设，通常有岛屿作为各港域的天然屏障，港内受外海波浪影响小，水流条件优越，允许作业时间长。与大陆沿岸相比，港域内潮差和台风增水相对较小，有利于船只靠泊作业，因而这些岛屿往往是大型深水港的理想港址。但有的岛屿的水域条件满足要求，但陆域面积无法满足港口正常使用及发展的要求，通常人们采取围垦造地的方法解决这一矛盾。如洋山港于2002年6月开工建设，2005年12月一期工程建成开港，2006年12月二期工程建成投产，目前三期工程已基本完成，洋山港港区陆域面积主要通过封堵汊道、大面积填海而成。围垦工程改变了岛屿原有的地形条件，必然会对当地的水流泥沙条件产生影响，那么这个影响是否会引起港域及航道淤积，如果是，那么将会增加港域及航道的维护费用，增加运营的成本。再如广东汕头港的航道因其内湾历年实施围海造陆而逐渐淤浅，仅20世纪从50年代到80年代，汕头湾就被围去近70 km^2，导致了纳潮量由1956年的2.96亿 m^3 锐减到80年代的1.5亿 m^3，致使湾口外航道的水流明显减慢并淤浅，尽管耗巨资修建外导堤仍见效不大，万吨海轮进出汕头港受航道水深的限制，近年不得不在港湾外另寻广澳湾作为新的深水港。舟山市近年来在开发和建设过程中，一些见诸报端的重大围垦促淤工程如普陀东港开发区工程、六横小郭巨围海造田工程、钓浪围垦工程等都大量采用移山填海、围海造田的办法，这种做法从一定程度上改变了岛屿之间潮流的流速、流向和有关水文条件，加剧了海区航道淤积情况。

河口海岸地区的经济发展与港口建设、围垦工程以及河口治理是分不开，但在此过程中，由于缺乏对自然规律的正确认识，时常会导致有些工程实施后无法实现其应有的功能，甚至对环境产生不利的影响。因此，有必要积极开展对海岸动力环境（包括水流、泥沙、盐度、波浪等）因素的研究，在工程实施前，须对研究工程区域内水域环境进深入的分析，并用合理的手段对工程实施后引起的水域环境变化进行预测，给决策者提供正确的依据和参考。

1.2 对河口的认识

1.2.1 河口基本概念

河口为河流终点，即河流注入海洋、湖泊或其他河流的地方。未流入湖泊的内流河称为无尾河，可以没有河口。河口处断面扩大，水流速度骤减，常有大量泥沙沉积而形成三角形沙洲，称为三角洲。

就入海河口而言，它是一个半封闭的海岸水体，与海洋自由沟通，海水在其中被陆域来水所冲淡。入海河口的许多特性影响着近海水域，且由于水体运动的连续性，测验方法和分析技术上的相似性，往往把河口和其邻近海岸水体综合起来研究，因此它是海岸带的组成部分。

河流近口段以河流特性为主，口外海滨以海洋特性为主，河口段的河流因素和海洋因素则强弱交替地相互作用，有独特的性质。

现代河口是在冰后期海侵的基础上发展而成的，不过几千年的历史。在第四纪最后一次冰期，海面下降了 130 m 左右，河流因基面降低而深深切蚀了河床，后因气候转暖，封锢在陆地上的冰川融化，水归海洋，使海面回升，在距今六七千年前，已达到海面高度，造成许多河谷末端被海水淹没，在水动力的作用下，泥沙搬运沉积，就逐渐发展而成现代河口。

1.2.2　河口的分段

潮汐河口区是河流注入到海洋中的过渡区域，在这一区域中，海洋和河流的动力因素相互作用、相互消长，河流径流（又称山水）与潮波（潮汐和潮流）的相互作用在不同位置的表现是不同的。

（1）潮汐河口下段（河口口门）

河口口门常指河口段多年平均中潮位水面纵坡降线与平均海平面的交点所在的位置；也有人把三角洲海岸、岛岸或沙坎的临海端的入口作为口门（图 1.2.2-1）。典型的河口如长江口的启东咀——南汇东滩。

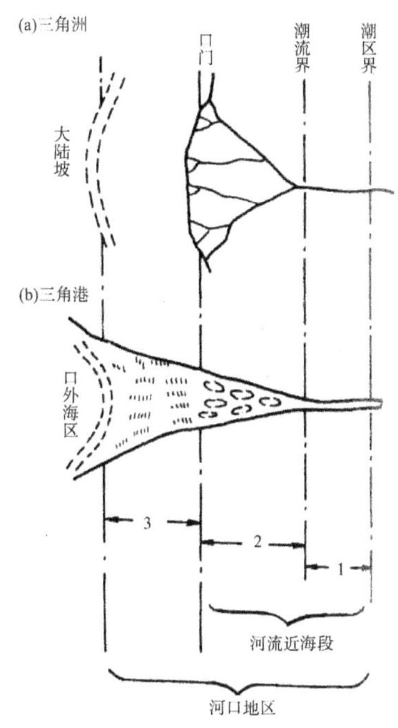

1—河流近口段；2—河流河口段；3—口外海滨。

图 1.2.1-1　河口区分段示意

（2）潮汐河口上段

潮流界：潮波向上游推进到达某一点时，涨潮流速与下泄径流流速相抵消，潮水停止倒灌，此处称潮流界。

潮区界：潮流界上游，潮汐继续上涨，受河水阻滞，无涨潮流速；但由于河水受阻，河水壅高，但越往上游形成的潮差越小，当潮波衰减到零，即潮差为零处为潮区界。

潮流界和潮区界的位置是不固定的，一般是根据口外海洋潮差的大小和上游径流的强弱发生变化，以长江为例(图 1.2.2-2)，潮流界在枯水季节径流弱时，可达镇江(334 km)，汛期径流强时，可至江阴(187 km)以下；潮区界一般在安徽大通(水文站)离口门 624 km，枯水时至安庆(699 km)，特大洪水可至荻港(554 km)。

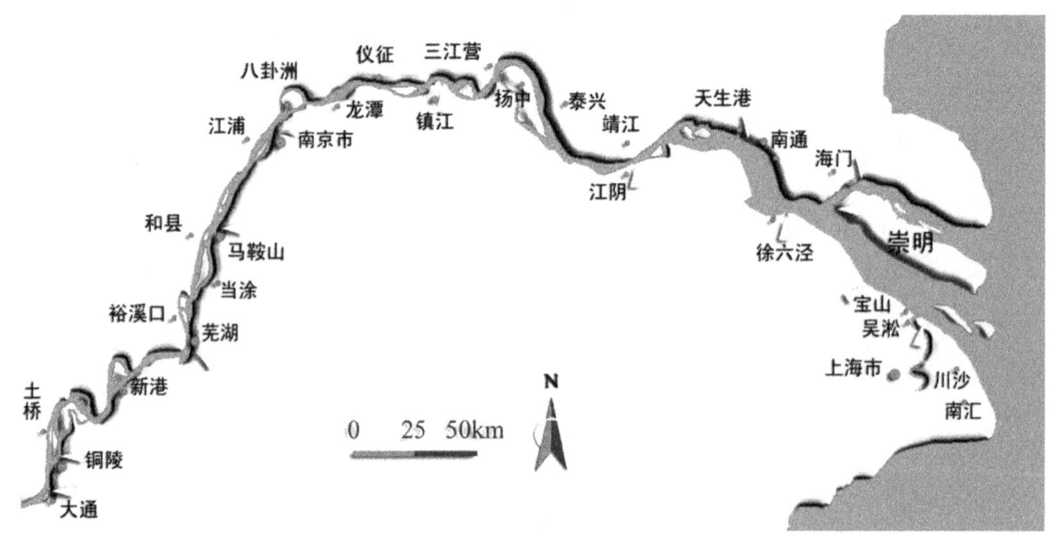

图 1.2.1-2　长江口到大通示意

潮汐河口上段又可进一步细分如下。

① 河流近口段：潮区界至潮流界，受潮汐涨落影响，水流单向流入海中，成河流地貌形态。

② 河流河口段：自潮流界至口门，此段水流为双向流，既有下泄径流又有潮流上溯，水流变化复杂，河床不稳定，地貌上有分汊、沙岛、沙坎等。

③ 口外海滨段：口门至水下三角洲的前缘急坡上，这里以海水为主，除潮流外还有波浪及海流的影响，此地貌表现为水下三角洲或沙洲浅滩分布。

根据长江口水动力与地貌形态综合特征，长江口一般分为三个区段，分别为：大通(枯季潮区界)至江阴(洪季潮流界)为河口区的近口段(又称河流段)，河段长约 400 km，河槽的演变主要受到单向径流的控制，河道已经发育成为相对较为稳定的江心洲河型；江阴至河口拦门沙浅滩(外界大致为佘山—牛皮礁—大戢山一线)，为河口区的河口段(又称为过渡段)，该河段长约 220 km，其造床作用主要受到涨、落潮流往复运动控制，河床演变的基本特点为洪水塑造河床，潮量维持水深，拦门沙河段为泥沙富集区域，河口浅滩发育，滩槽之间水沙交换频繁；长江口口门以外(佘山—牛皮礁—大戢山一线以东)至 －30 m 等深线，为河口区的口外海滨，该河段以潮流作用为主，是河流入海径流和泥沙的扩散沉积区，在地貌上形成水下三角洲，动力特征表现为流向旋转多变，风浪掀沙及风成余流比较明显。

1.2.3 河口盐水入侵

入海河口是河川来的淡水和海水交汇的地方，是河流与海洋过渡的区域，由于河口处是两种动力条件相互作用，水质情况也不一样的特殊的水域，因此存在盐、淡水混合的问题。从上游来的淡水经河口区泄入海中，而含有一定盐分的海水会随着涨潮流而上溯达到口门以内一定的距离，便产生了盐水入侵问题。一般来说，各个河口所处的自然条件不尽相同，所以各个河口的盐、淡水混合情况也不尽相同。

研究表明，河口地区盐、淡水混合的程度主要受到上游径流量的大小、河口地区潮汐作用的强弱、异重流、汊道特性、科氏力、风及浪等动力因素的影响。一般情况下，径流量及潮汐作用最为重要，但其他的因素也不能忽视，要视具体情况分别加以甄别其重要性。如在水面较为宽阔及风级常年较高的河口区域，风浪及科氏力的作用较为显著；而在滩槽交错的河口区域，地形的影响则不容忽视。

通常，根据河口区盐、淡水混合作用及盐水入侵的程度，河口盐、淡水混合的类型主要分成三大类[4,5]。

① 高度成层型

当河口径流较强而潮汐相对较弱时，密度较小的淡水从表层泄入海中，而密度较大的盐水则位于底层并沿河底上溯而形成“盐水楔”，两种不同密度的水体存在清晰的交界面，在交界面上形成一层很薄的混合层，其典型情况如下图所示。

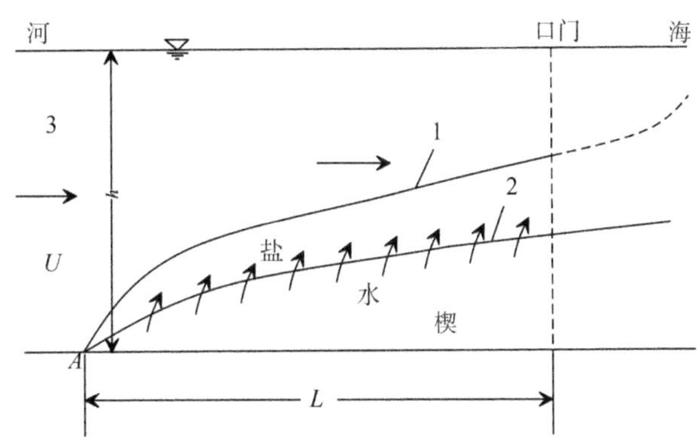

1—分界面；2—速度为零的面；3—淡水。

图 1.2.3-1 高度成层型河口的典型情况

因盐水与淡水是分层流动的，故称“高度分层型”或“盐水楔型”。如美国的密西西比河南水道，流量 100 000 cfs①，潮差仅为 0.5 ft②，是典型的高度分层型河口。

② 弱混合型(部分混合型)

当潮流作用较强时盐、淡水间的分界面受到了破坏，上下层之间发生一定程度的水体

---

① cfs：立方英尺/秒，1 cfs 约 0.028 m^3/s。

② ft：英尺，1 ft 约 0.3 m。

混合，水平方向和垂直方向都存在含盐度梯度，这种河口就称为弱混合型河口，其典型情况如下图所示。如美国的萨凡纳河口、英国的泰晤士河及中国的长江口等都属于这种类型。

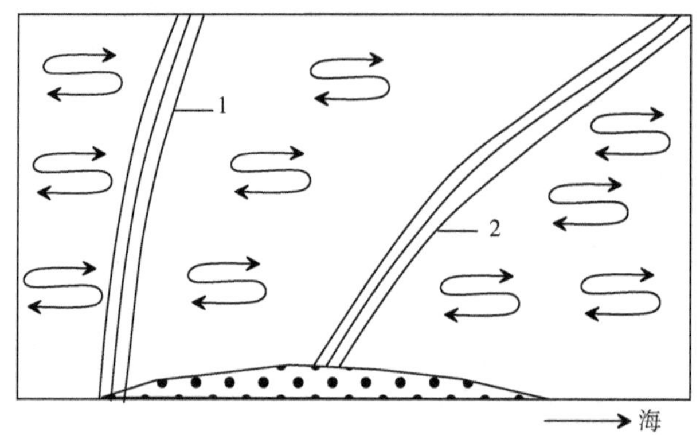

1—高潮时的等盐度线；2—低盐度时的等盐度线。

图 1.2.3-2　弱混合型河口的典型情况

③ 强混合型(垂向均匀混合型)

当潮流作用很强，而径流的作用较弱时，盐、淡水之间便产生强烈的混合。水平向的含盐度梯度很明显，垂向的则很微弱，往往可以忽略不计，等盐度线常呈垂直或近于垂直的状态。潮差大的河口中常常会出现这种混合类型，其垂直方向含盐度梯度对垂向流速分布的影响很小，在涨落潮转变过程中一般不会出现表层与底层水流流向相反的交错流，其典型情况如图 1.2.3-3 所示。如我国的钱塘江河口以及长江口北支，都是典型的强混合型河口。

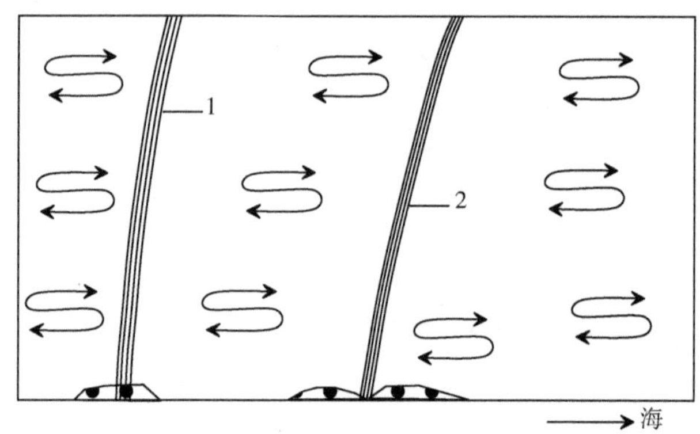

1—高潮时的等盐度线；2—低盐度时的等盐度线。

图 1.2.3-3　强混合型河口的典型情况

应当指出，以上虽然就河口的类型给出了一个分类标准，但值得注意的是，在实际的河口中，即使是同一个河口，其混合的类型也并不是一成不变的，而是随着径流量与潮流量对比关系的变化而变化。如长江口一般情况属于弱混合型，但在洪水期小潮汛时会出现盐水楔。

通常，采用西蒙斯(H. B. Simmons)建议的参数 η 来判定不同的河口或同一河口在不同时期的盐、淡水混合类型：

$$\eta = \frac{\text{一个潮周期内的河水径流量}}{\text{涨潮期的进潮量}}$$

当 $\eta \geqslant 0.7$ 时，属于高度成层型；
当 $\eta = 0.2 \sim 0.5$ 时，属于弱混合型；
当 $\eta < 0.1$ 时，属于强混合型。

如我国珠江水系的西江河口两次实测的 η 值分别为 1.34 和 2.02，属于高度成层型。长江口南港的 η 值为 0.21，属于弱混合型；钱塘江口澉浦断面实测的 η 值为 0.005，属于强混合型。

以上仅就河口盐水入侵的现象进行了一些简单的描述，而实际上，盐水入侵对河口地区的作用相当明显，一般可以归结为两个方面：对地形演变的影响及对人类生产生活的影响。

① 对地形演变的影响

盐水入侵对水下地形演变的影响主要表现在盐、淡水的混合对河口区水流、泥沙运动特性及水动力特性的调整有着不可忽视的作用。

由于盐水入侵的影响，河口区普遍存在着密度梯度，这使得垂线流速的分布发生了较大的变化，所以河口区水流流速的分布与普通河道中有所不同。在涨潮流期间，密度梯度与水面坡度方向一致，有加大涨潮流速的作用，且底部的密度梯度较大，故又加大了底流速，因此最大流速一般出现在水面下的某一深度处。而在落潮流期间，密度梯度与水面坡度方向相反，有减少落潮流速的作用，又因底部的密度梯度较大，对底流起阻碍作用，水流主要从表层排走，故表层的流速较大。在转流期间，水面坡降很小，密度梯度起控制作用，形成了表层与底层流向相反的交错流。由于表底层流速的不同，河口区容易形成大范围的内部环流。

通常，泥沙的输移与水流的挟沙力关系密切。在一个潮周期内，底部的水流从净的上溯流转为净的下泄流，其沿程必存在一个净泄量为零的点，即“滞流点”。由于“滞流点”的存在，水流在该处的挟沙力迅速下降，且又由于盐水具有加速泥沙絮凝的作用，在该点附近泥沙很容易发生淤积，因此“滞流点”附近往往是河口区泥沙淤积较为严重的部位，其亦是潮汐河口拦门沙形成的重要原因。

② 对人类生产生活的影响

盐水入侵往往发生在潮汐河口，而这些河口又大都位于沿海平原地区。这些地区人口稠密，工农业生产及航运、交通发达，经济发展较为迅速，人类活动与自然环境密切相关，因此，盐水入侵对于人类的生产及生活有着巨大的影响。

盐水入侵对人类的影响在一定程度上表现为其不仅会影响到河口区两岸的工农业用水、人民的生活用水及淡水生物养殖等，还可能影响废热和生产及生活污水的扩散与稀释过程。如 1979 年春季，长江口北支盐水入侵导致南支水道盐度达到历史最严重程度的时候，上海市陈行水库连续不宜取水天数长达 25 天，崇明岛受盐水包围，早稻的育秧受到了较大的影响[6]。

1.3 对海岸的认识

1.3.1 海岸带基本概念

人类对海岸带的认识经历了一个漫长的过程。没有谁曾确切地追溯过人类与海岸打交道最早在何时，但我们不难推知：自从有了人，人与海岸的关系就已存在。“海岸带”顾名思义是沿海地带和海域的一种带状区域。一般包括受陆地影响的海洋和受海洋影响的陆地。但是这种解释海岸带的说法显然就范围来说，界定得较为模糊。事实上，关于海岸带的定义，世界各国的说法形形色色，学术界的论述也很不统一。但可以肯定的是，无论海岸带的范围如何界定，它对全球经济、社会和政治的重要性都是勿容置疑的，其对自然和社会都有十分重要的意义，是人类开发利用海洋的重要前沿地区，且具有相应独特的地方[7]：

(1) 地理类型多，包括滩涂、浅海、河口、港湾、沼泽等；

(2) 资源种类多，包括各种生物资源、滨海矿物资源、潮汐能源、土地资源、旅游资源以及可供利用的其他海洋资源；

(3) 人口相对集中，经济、文化、科技发达，是人类活动最频繁的地带；

(4) 是污染集中地区。

正因为如此，海岸带也是最脆弱、最容易遭受破坏的地区。

早期的海岸带概念或海岸的概念是指沿海的狭窄陆地，具代表性的是由 Johnson Dw 于 1919 年提出的海岸带概念[8]，指高潮线之外的陆地部分的海岸(如图 1.3.1-1)。

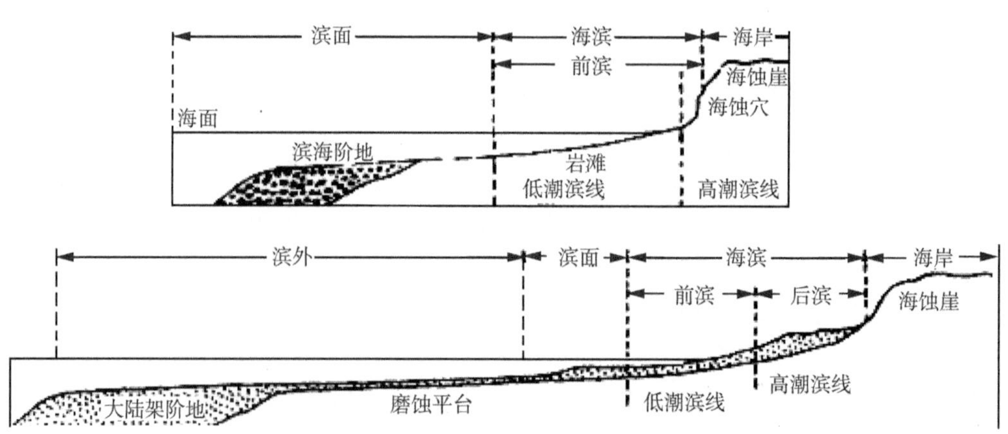

图 1.3.1-1　Johnson Dw 的海岸带概念

20世纪50—80年代海岸带通常界定为包括水下和水上两部分，如我国1980—1995年进行的全国海岸带海涂资源综合调查中使用的海岸带用的范围是向上陆地为沿岸10 km，向海达到水深20 m。20世纪80年代以后，地球系统科学逐渐引起学术界的重视，国际地圈生物圈计划（IGBP）将海岸带陆海相互作用（LOICZ）单独列为其核心计划之一，在该计划中将海岸带定义为：海岸带就是这样一种区域，它从近岸平原一直延伸到大陆架边缘，是可以反映出陆地-海洋相互作用的地带，尤其是第四纪末期以来曾出没与淹没的海岸地带。

这一海岸带定义的范围示意图如下。

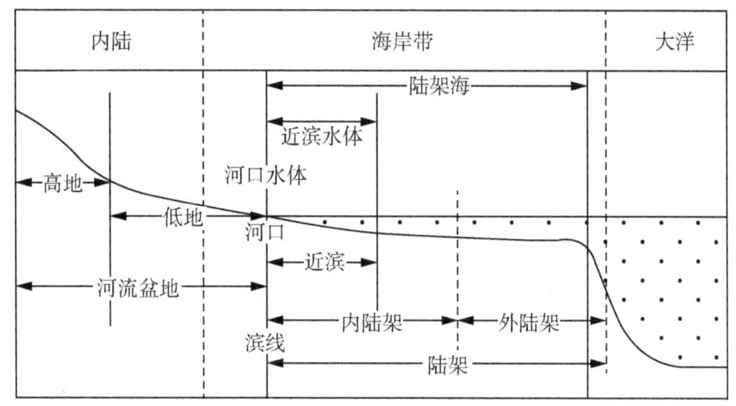

图1.3.1-2 LOICZ的海岸带概念

根据LOCIZ计划界定的海岸带区域，如以现代海平面上下200 m为其区域，它具有以下特征：整个海岸带地区占全球面积的18%，居住着60%的世界人口，其中超过160万人口的大都市有2/3在海岸带地区；海岸带地区水体只占8%的海洋表面积，0.5%的海洋水体，但占全球初级生产的1/4，世界90%的渔获量来自于该地区。另外，还占有80%的全球海洋埋藏有机物，90%的全球沉积矿体和50%以上的碳酸盐沉积；海岸带地区是大气圈、水圈、岩石圈、生物圈共同作用的区域，也是物理过程、化学过程、生物过程和地质过程相互作用的区域，该区域受人类活动影响最频繁。作为地球系统的一个主要部分，海岸带对全球生物循环及气候的相互作用有显著贡献[9]。其包含具有显著生物和非生物特性及过程的海岸系统，如沼泽、红树林、珊瑚礁、盐碱滩、潟湖、潮间带等。海岸带环境由于受海水、淡水、冰、降雨、蒸发、陆地和大气的影响，所以对各种自然过程（包括海平面变化以及各种人类活动）引起的环境扰动比较敏感[10]。在强烈的开发利用与波动的气候和海平面条件下，海岸带系统生物资源的可持续性具有支持人类需要的能力。

海岸带是一个多功能的自然综合体，是资源最丰饶和物种最多样的生态系统之一，是自然过程极为活跃的地带，同时海岸带自然环境复杂并且生态平衡较为脆弱，即使在无人类活动参与的情况下，其演变也是较剧烈的。因此，就稳定而言，海岸带应是较为脆弱的地理单元。海岸带于人类开发利用海洋，又有诸多的优越性，所以海岸带又必然成为高密度、高强度开发利用的地带，这样人类对海岸带的影响和损害自然也是在所难免。正是在自然和人类双重力量的有害影响作用下，海岸带的环境与资源正经历着前所未有的异常变化。在经历了国际政治、经济变化等问题后，越来越多的沿海国家和地区将海岸带视为一个特定的区域和独立系统，认为应从国家的海岸带权益、环境、资源的整体利益出发，通过政策、法规、区划、规划的制定和实施，推动资源环境承载力分析、污染控制、自然灾害管理、生物多样性保持、环境评价和滩涂湿地利用、红树林保护等海岸带科学研究，统筹协调，综合平衡海岸带开发、利用和保护的关系，达到维护海岸带权益，保护海岸带环境，合理开发海岸带资源，达到促进海岸带经济持续、快速、协调发展的目的。

1.3.2 海岸线的定义及意义

什么是海岸线？对这个问题，人们可能会脱口而出：是海陆的分界线。甚至还可以进一步指出：是海水面与陆地的交界线。这个定义是大家公认的。地貌学上给海岸线更确切的定义是：海水向陆达到的极限位置的连线，即海岸线的向陆一侧是永久性陆地[11]。做这样的定义十分必要，因为海水与陆地的接触线随潮涨潮落（或因灾害天气）而频繁地移动。其示意图如下图所示。

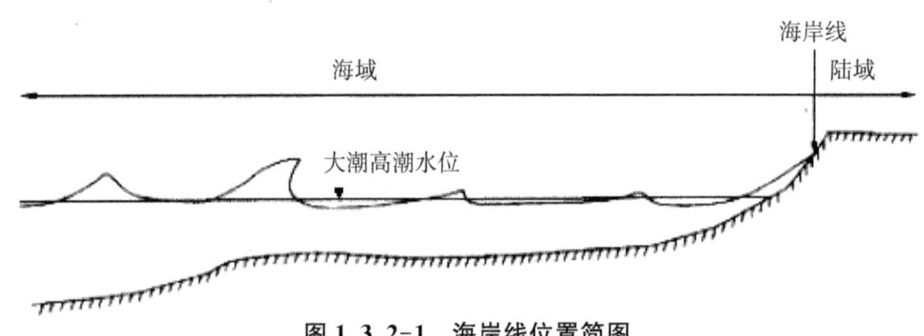

图 1.3.2-1 海岸线位置简图

海岸线，除大比例尺海图外，在大多数地图上只画一条简单的曲线，在实地上却要复杂得多。作为海面，尤其是高潮位时的海面很难有平静的状态，在风浪和涌浪的作用下，海水上冲流向陆地的高度和距离会比大潮高潮面更高更远，在坡度大的沙质海岸，上冲流可向陆地伸入数米至数十米，在低平的淤泥质潮滩，上冲流可能伸入陆地的距离更远，达几十米甚至百米以上。这条被浪潮推波助澜的海水线常在它到达的陆域边缘留下自己的痕迹：被水浸过和干出的陆地之间的界线，即农历初一、十五左右会留下被海水浸过的湿水印迹，界线上还常散布着贝壳碎片或植物枯枝败茎等。这条线才是我们指的确切的“海岸线”。

海岸线是沿海国家和地区最宝贵的国土资源。我国背依亚洲大陆，面向太平洋，沿海地区是一个巨大的弧形并向东南突出，因而形成了一条漫长蜿蜒的海岸线，它北起中朝两国交界的鸭绿江，经辽宁、河北、天津、山东、江苏、上海、浙江、福建、广东、海南、广西等 11 个省、市、自治区，南至中越边界上的北仑河口，如果乘船沿海疆航行的话，以每小时 30 km 的速度来计算，即便昼夜不停地前进，也需要 25 天的时间。如果再加上散布在海上的数量众多的岛屿，海岸线总长仅次于三面临海、领土辽阔的苏联和素有“千岛之国”之称的印度尼西亚，居世界第三位[12]。

1.3.3 海岸线变化及影响因素

20世纪60年代以来一直沿用的我国大陆海岸线长18 400 km如今已经名不符实。我国海岸侵蚀岸线所占比例较大，侵蚀海岸分布广泛，侵蚀程度存在差异。据统计有70%的沙质海滩和大部分开阔水域的泥质潮滩受到侵蚀，侵蚀岸线长度占全国大陆岸线总长度的三分之一，在渤海沿岸为46%，黄海沿岸为49%，东海沿岸（包括台湾岛）为44%，南海沿岸（包括海南岛）为21%[13]。海岛长出这么多来，则是地壳内部各种作用力不断“争斗”的结果。

自然岸线是由各种地质因素相互作用，河流和海洋沉积物的淤积扩散，以及种种气象和海洋条件构造成的，其中某种因素如海岸侵蚀、淤涨、海平面等的变化，和人工堤坝、围垦、采砂等社会因素的变化，都可能会导致岸线的扩展或退缩。海岸线的变动是一个动态、连续的发展过程，反映了自然、经济和社会的综合作用。改革开放以来，沿海地区经济快速发展，我国海岸线资源面临着越来越严峻的形势，海岸的侵蚀与淤积、海平面上升等自然因素降低了岸线的稳定性，海岸线的变化远超过历史时期的变化。

海岸线无时无刻不在发生变化。正是这些变化吸引了一代又一代的海岸科学家从事海岸研究，因为它不仅有助于揭示海岸演变的规律，更重要的是在海岸的利用和保护上具有广阔的应用前景。海岸线的变化具有不同的时间尺度。不同时间尺度的变化往往具有不同的控制因子。

(1) 长时间尺度变化因子

地壳升降和冰期-间冰期交替引起的岸线进退通常需要用千年以上的时间尺度来衡量。1.5万年以来海平面出现了快速、大幅度的上升[14]。海岸线经历了多达几百千米的迁移，沿海大片低地被海水吞噬。若以1.5万年中海平面升高150 m而论，海平面平均升高速率为10 mm/a，远高于目前海平面的上升速率。若以1.5万年中海岸线后退600 km计，则海岸线平均后退速率达40 m/a。这两种速率都是惊人的[15]。事实上，末次冰期以来的海平面上升，总体上呈减速运动（尽管目前因受人类排放温室气体影响而呈加速趋势），即早期上升很快，而后逐渐减缓。以时间为横坐标，海平面所在高程为纵坐标的海平面变化时间过程线，总体上表现为凸型[8]。那时的海岸线在现在的陆架外缘，据现代岸线数十至数百千米。海平面上升是引起大范围岸线内移的重要因素，在局部地区与构造升降运动、地面沉降迭加使相对海平面上升速度增加，引起海岸线加速后退。海平面上升给海岸环境带来的挑战不仅仅是土地问题，它还波及沿海社会经济的许多方面，因而引起各国政府和科学家的高度重视。

(2) 中时间尺度变化因子

河流供沙条件改变引起的岸滩淤涨和侵蚀可算一种中时间尺度的变化。将海岸作为一个系统来看，稳定状态下，物质和能量的输入输出处于平衡。海岸系统的物质基础是泥沙的运移，能量因素是海岸波浪、流场、潮汐的作用。造成海岸线变化的物质能量机制是海岸泥沙供给改变或由于海岸海洋动力自然变化致使泥沙在海岸系统中的增加或减少。

河流输沙是海滩沙的主要来源，我国沿海入海河流的泥沙输出量巨大，泥沙量对海岸线的后退淤进有举足轻重的作用。河流改道引起泥沙来源断绝，使原来淤进的岸线迅速转变为侵蚀后退，最典型的例子就是废黄河口的岸线后退。1128—1855 年间黄河由江苏入海，使苏北海岸迅速淤涨。1855 年铜瓦厢决口，黄河回归渤海。一百多年来现代黄河三角洲以惊人的速度向海推进，但江苏废黄河三角洲却侵蚀后退了几十公里[16]。根据朱大奎的研究[17]，1930—1980 年废黄河口岸段海岸线平均后退 20～30 m/a，北段后退 15 m/a，南段 20～30 m/a，滩面蚀低 0.5～1.0 m/a。河流入海径流和入海输沙量的逐步减少也会引起河口海岸线的后退。如引滦入津工程引起入海水沙变化，对现代滦河三角洲岸线演变有明显的影响，工程前，多年平均入海水量 41.9×10^{8} m^{3}，入海沙量 2.22×10^{7} t，工程后(1980—1984 年)，入海水量 3.55×10^{8} m^{3}，入海沙量 1.03×10^{6} t；工程前海岸线向海延伸，最大延伸速率达 81.8 m/a，工程后，岸线普遍侵蚀后退，后退速率以口门最大，为 300 m/a，向两侧变小[18]。

(3) 短时间尺度变化因子

岸滩冲淤的季节性循环、风暴循环、大小潮循环和涨落潮循环都可以看作短期变化。风况的季节性变化通常被认为是砂质海滩季节性冲淤循环的控制因子[8]；但在河口淤泥质海岸，海面潮差和悬沙浓度的季节性变化也被认为是重要的因素[19]。并且大、小潮和涨、落潮冲淤循环也都是潮汐作为控制因素而引起的岸滩冲淤变化，现阶段也有学者就此过程及机理开展了相应研究[20]。

人类的干扰作为短时间尺度变化因子正越来越多直接或间接地对海岸施加影响。如果考虑到人类自工业化时代以来造成的全球气温升高和海平面上升，就可以说，海岸线上的每一个点实际上都已受到人类的干扰。人们耕海牧渔，大规模修建了养鱼(虾、蟹等)池，在海湾与潟湖入海口等处修建堤坝；为了开拓港口，兴修沿海公路而填海造陆；为了保护河口和海滩，修筑了大量拦潮闸、护岸堤、防波堤，使海岸固化、直线化；为了建设经济开发区及沿海旅游设施，占用了广阔的沿海湿地；为了扩展生存空间，在滩涂和河口区进行大规模围海造地等。这一切打破了原有的沿岸水动力平衡体系，使海岸外侧水动力加剧，侵蚀作用增强；使海岸内侧保留下来的使用水域，水动力减缓，与外海沟通减少，淤积量增大，在不太长的时间内有可能使海湾和潟湖水深变浅、水质变淡，乃至淤积成湖、成陆，使海洋生态环境转变成陆地生态环境，使原有的沿海湿地永久陆化，形成“人为陆化环境”。陆化海岸的影响也在很大程度上加速了海岸线的演变。因修建水库等水利设施拦截河流，使河流向海的输沙大量减少，同时部分海岸无计划采沙，造成海岸因泥沙来源不足而被强烈侵蚀，这是导致海岸线变化的原因之一。宽大而没有封闭的防波堤或栈桥，在利用遥感测绘方法计算其长度时变为两倍导致海岸线变长，导致海岸线和海湾面积发生变化。珊瑚礁、红树林、芦苇、岩礁、砂砾等的随意挖采破坏，造成了向岸波动能不受阻拦地直接击岸，岸滩遭受直接侵蚀，引起岸线迅速后退。

1.4 课后思考题

(1) 认识河口的定义,河口在人类生产生活中的作用。
(2) 简要说说河口与海岸的区别。
(3) 说明河口在陆地与海洋之间所扮演的角色。
(4) 谈谈河口盐水入侵的成因、发展及变化特征。
(5) 简述河口盐水入侵的不同类型以及其表现出来的基本规律。
(6) 举例说明河口盐水入侵的影响。
(7) 认识海岸带的基本概念。
(8) 简要阐述对海岸带进行定义的意义。
(9) 海岸线变化的成因、发展及演化规律。
(10) 用自己的话谈谈海岸带未来的可能发展。
(11) 谈谈河口如何进行分段。
(12) 说明海岸线变化的影响因素。
(13) 简要说明河口段的不同动力特征,并试着解释原因。
(14) 海岸带的基本特征,主要演化动力为何?
(15) 河口与海岸的区别主要体现在哪些方面?

第 2 章　河口及海岸分类

2.1　河口类型

根据成因的不同，通常可将河口分为下列几种类型[4]。

① 溺谷型河口海侵淹没的河谷末端，海水直拍崖岸。由于河流较小，或流域来沙不多，虽在湾头或局部地段有泥沙堆积，但溺谷状态仍然保留。

② 位于低海岸的溺谷型河口，其外有沙坝的屏障，故河口水体通过潟湖通道和外海联系，有些研究者特称之为沙坝型河口，如美国东海岸的庞立科湾。

③ 溺谷型河口的下段，往往呈漏斗状，称为漏斗状河口或三角港。而对那些下段呈漏斗状和成形河流相接的，又称为河口湾，如中国的钱塘江河口和杭州湾。

④ 漏斗状海湾受地形影响，潮差较大，成为强潮河口。其湾底地形常有潮流脊发育。

⑤ 三角洲河口流域来沙丰富的河口，泥沙沉积于河口区，不仅改变其冰后期海侵所形成的溺谷形态，且有三角洲发育。

一般而言，三角洲发育于弱潮河口和某些中潮河口以及河流挟带的泥沙不易为沿岸流带走的地区。科勒曼和赖特根据河流带来的泥沙条件、潮差大小、波能强弱和沿岸流的情况，将河口三角洲分为以下 6 种类型[4]。

① 波能低，潮差小，沿岸流弱，滨外坡度小，挟带细颗粒沉积物，普遍有和海岸垂直的指状沙洲，如现代的密西西比河三角洲。

② 波能低，潮差大，沿岸流弱，海盆窄，指状沙坝向滨外延伸，形成狭长的潮流脊沙坝，如奥得河三角洲。

③ 波能中等，潮差大，沿岸流弱，海盆浅而稳定，水道沙体垂直于岸线，横向和沿岸沙坝相连，如伯德金河三角洲。

④ 波能中等，滨外坡度小，沉积物少，在水道和拦门沙外有沿岸沙坝，如阿巴拉契柯拉三角洲。

⑤ 波能高而持久，沿岸流弱，滨外坡度大，分布着大片的沿岸沙体，向陆地倾斜，如圣弗朗西斯科河三角洲。

⑥ 波能高，沿岸流强，滨外坡度大，有和海岸并行的多列狭长沿岸沙坝，水道中沙体减少。

中国的黄河三角洲河口和长江三角洲河口，分别属于第 1 类和第 3 类。

水流分汊是河口常见的现象，有单汊、多汊和分汊再会合 3 种型式。三角洲汊河一般都较浅，在汊道的口门附近，常有沙体堆积，称为拦门沙(见河口拦门沙)。

峡江型河口位于冰川作用过的地区，河槽受冰川挖掘刻蚀，谷坡陡峻，海侵后形成峡江，其河口的特点在于口门附近有深约几十米的岩坎，坎内水深可达数百米，向着内陆可延伸几百千米。这种河口常见于高纬度地带，如挪威的松恩峡湾和苏格兰的埃蒂夫湾。

河口的分类，按不同的标准还有多种方法。例如：根据盐度分布和水流特性，可分为高度成层河口、部分混合河口和均匀混合河口；根据潮汐的大小，可分为强潮河口、中潮河口、弱潮河口和无潮河口等。

径流入海过程及径流下泄入海的扩散过程，在惯性、摩擦和浮力的支配下，分别呈现以下 3 种不同的基本形式[4]。

① 在径流强劲、泄流和周围水体密度差较小、海洋水较深的情况下，径流入海的过程主要由惯性所支配。由于流速较大，入海径流的横向扩展较小，从口门向海存在一个高流速区，其宽度和深度向海逐渐减小，其长度随着径流的大小而变化。在高流速区之外，径流以完全湍流的形式向前推进，并向两侧散开，水流速度不断减小直至消失，挟带的粗颗粒物质在高流速区的侧翼沉积，而形成新月形沙洲。

② 在径流较强、泄流和周围水体的密度差很小和海洋较浅的情况下，径流入海过程主要由摩擦所支配，伴有平面湍流扩散，故横向扩展迅速。水流在向外推进的过程中，流速迅速减小，使泥沙淤积而形成浅滩。它反过来增加了底摩擦，进一步使水流减速和扩散，更促成浅滩的发育，以至形成心滩，其两侧因水流集中而逐步形成汊道。

③ 在径流强度中等、泄流和周围水体密度差较大及海洋较深的情况下，径流入海过程由浮力所支配。径流飘浮在盐水之上，扩散成为羽状流。从口门向海在 4～6 倍于河宽的距离内，淡水扩展成相当均匀的薄层，其横向扩展介于上述两种形式之间。在扩展过程中，淡水厚度向海逐渐变薄，保持着断面流量不变，故流速在向海开始扩展的范围内近乎不变。淡水出口门一定距离后，盐水和淡水发生强烈的掺混，使流速迅减，较粗的颗粒就沉积下来。在径流继续向外海扩展的过程中，流速更趋缓慢，水流中挟带的较细颗粒也逐渐沉积下来。另外，在浮力的作用下，淡水层的水面超出周围的海面。因此，淡水层中水体的表层向两侧散开，底部海水向中间辐聚，在横断面上形成一对次生环流。

应该指出，径流入海的水流扩散过程本来已经十分复杂，在潮汐、波浪、沿岸流、河口地形和演变等因素的影响作用下，其过程更加复杂。

河口潮汐及其作用河口在海洋潮波的作用下，出现河口潮汐现象。潮波在河口传播的过程中，发生变形，潮差递减，涨潮历时缩短，落潮历时加长。涨潮流上溯所达到的界限，称为潮流界。潮波影响所及的界限称为潮区界。

在径流随时间的变化曲线图中，流速曲线的落潮线段和横坐标所成的面积，与落潮线段及涨潮线段共同和横坐标所成的面积之比，称为优势值。此值大于 50%处的径流，称为落潮优势流；小于50%者，则为涨潮优势流。潮流界以下的河段，水流因潮流往复变化而变化。在河口区内，径流的加入令落潮流速通常大于涨潮流速，故一般表现为落潮优势流，而且愈接近潮流界，它的优势值愈大。正因为如此，在河口区的动力因素中，落潮流常是主导因素，对河道的演变起控制作用。尤其在洪水季节，径流很强，落潮流的作用更为显著。在某些强潮河口，即使在以涨潮流为控制因素的河段中，仍然存在着以落潮流作用为主的部分。

河口河槽之中，常可见到涨落潮流路径不一致的现象。落潮流轴线所经的槽线，称为落潮槽；涨潮流轴线所经的槽线，称为涨潮槽。这两条潮流轴线之间的缓流地区，泥沙易于淤积，常常导致河口心滩的堆积，使河槽断面形态表现为复式河槽，这也是河口分汊的一个重要原因。有些河口，有时涨落潮流在河槽中的流路基本一致，或者偏离不大，河槽断面形态表现单一，称为中性槽。

河口河槽的动力条件常常变化，如径流有枯水洪水的变化，潮汐有大潮小潮之分，因此水流变化非常复杂。河槽演变是以动力变化为依据的，水流条件的改变必然导致河槽逐渐变形；而河槽形态的变化，也必然引起水流结构的迅速改变。如果组成河槽的物质非常疏松，抗冲性能较差，它的河槽就很不稳定，冲淤变化相当强烈。而大多数河口河槽的边界，正是由近代冲积的疏松物质所组成，因此冲淤变化一般都较显著，甚至出现大淤大冲的现象。相对而言，中性槽由于涨落潮的流路比较接近，河槽演变比较稳定。

2.2 海岸类型

海岸是海洋、陆地交汇的地带，内、外应力作用明显的场所，其类型丰富多样。如从地貌学角度，按海岸形态、成因、物质组成和发展阶段特征考虑，主要可分为基岩海岸、砂（砾卵石）质海岸、淤泥质海岸和生物海岸等类型。砂（砾卵石）质海岸和淤泥质海岸又可统称为平原海岸[21]。

（1）基岩海岸

基岩海岸又称港湾海岸，一般是陆地山脉或丘陵延伸且直接与海面相交，经海侵及波浪作用所形成。其特征为地势陡峭，深水逼岸，岸线曲折，峡湾相间且多有伸入陆地的天然港湾；沿岸岛屿众多，常在沿岸及湾口一带形成水深流急的通道，也常使湾口或岬角深水岸段受到一定程度的掩护；岸滩狭窄，堆积物质多砾石、粗砂，海床还往往覆盖有淤泥、粉砂，其中部分来自岩石的风化剥蚀，但主要为邻近河流输出泥沙。

基岩海岸由于沿岸水深大，有掩护条件，水下地形稳定，多拥有优良的港址；同时也是拦湾造陆或围垦造田与兴建潮汐电站的良好场所；而奇特壮观的海蚀地貌景观和湾澳间的砂（砾）质滩地，又为发展滨海旅游业提供了条件。已开发利用的有大连港、旅顺港、青岛港、浙江温岭江厦潮汐电站，以及山东长岛庙岛自然保护区的海蚀景观和海南三亚亚龙湾旅游区等。

我国基岩海岸北起辽宁的大洋河口，南至广西北仑河畔，台湾、海南、舟山、平潭和南澳等岛均有分布。主要分布在辽东半岛、山东半岛以及浙江、福建、广东、广西、海南和台湾等省区的大部分岸段。

(2) 砂(砾)质海岸

砂(砾)质海岸又称堆积海岸,主要是平原的堆积物质被搬运到海岸边,再经波浪或风的改造堆积形成。由于砂(砾)质海岸在全球广为分布且处于不同地形单元与气候带内,所受海岸动力作用差别较大,从而导致了这类堆积型海岸的地貌形态与组合上的区城差异。其特征为岸线比较平直,组成物质以松散的砂(砾)为主,岸滩较窄,而坡度较陡,一般大于1/100;在波浪作用下,沿岸输沙以底沙为主;堆积地貌类型发育较多,常形成沿海沙丘、沙嘴、连岛沙坝、沿岸沙坝、潮汐汊道以及沿岸链状沙岛(又称堡岛)和潟湖;在湖口内或口门附近的岸段,多具有一定水深和掩护条件。

这类海岸常是发展中、小型港口、渔港与滨海旅游的良好场所,同时还蕴藏有丰富的砂矿资源。已开发利用的有京唐港、广东汕尾港、水东港、广西北海港、海南洋浦港、白乌井渔港、乌场砂矿和河北昌黎黄金海岸自然保护区等。

砂(砾)质海岸分布很广,约占全球岸线总长度的13%。如美国和南美洲的东部海岸、非洲的西部海岸等。在我国则主要分布在辽宁(黄龙尾至盖平角、小凌河口以西)、河北(大清河口以东)、山东半岛、福建(闽江以南)、台湾西部海岸、广东(大亚湾以东)、海南和广西沿岸。另外苏、浙沿岸也有少量分布。

总体来说,砂质海岸居多,砾石海岸较少。砂(砾)质海岸大多处于运动变迁之中,因此在确定开发利用方案时,必须考虑到岸滩演变及海岸防护措施。

(3) 淤泥质海岸

淤泥质海岸主要由江河携带入海的大量细颗粒泥沙,在波和流作用下输运沉积所形成。绝大多数分布在大河入海口处的三角洲地带,称为平原型淤泥海岸;另外一部分是由沿岸流搬运的细颗粒泥沙,在隐蔽的海湾堆积而成,称为港湾型淤泥海岸。

淤泥质海岸的主要特点为:岸滩物质组成较细,属黏土、粉砂质黏土、黏土质粉砂和粉砂等;在潮、浪作用下,泥沙运动主要为悬沙输移,而潮流是塑造潮滩地貌的主要动力,从而导致从陆到海的明显分带性;潮滩季节性冲淤变化明显,风暴潮作用使潮滩沉积结构复杂化;岸线平直、地势平坦,潮滩坡度一般为1/2 000~1/500。

这类海岸滩宽水浅,潮滩地貌又比较单调,蕴藏着丰富的土地资源;这里建设港口难度较大,但在有的大河河口或河口湾也可找到掩护条件较好的深水岸段,这里往往腹地广阔,水陆集疏运条件好,可发展为重要港口,如伦敦港、汉堡港、新奥尔良港、上海港、天津新港,广州港等。平原型淤泥质海岸多位于构造沉积区,往往蕴藏着丰富的油气资源,如江河油田、大港油田、胜利油田以及珠江口外的油田等。

我国淤泥质海岸分布广泛,主要分布在江东湾、渤海湾、莱州湾、苏北、长江口、浙江港湾和珠江口外等岸段,其总长度在4 000 km以上,约占全国海岸线长度的四分之一。此外,淤泥质海岸在欧洲北海沿岸和法国西海岸均有广泛分布,而美国路易斯安那州西南部岸段和南美洲苏里南海岸也属淤泥质海岸。

我国淤泥质海岸的动态变化类型可分为淤积、侵蚀与稳定三种类型,大多为淤积型与稳定型。侵蚀型淤泥质海岸主要分布在苏北废黄河口岸段与上海和浙江的杭州湾北岸，在这里所建的海岸防护工程有闻名于世的钱塘江海塘和苏北大堤。

(4) 生物海岸

生物海岸包括红树林海岸和珊瑚礁海岸。前者由红树植物与淤泥质潮滩组合面成，后者由热带造礁珊瑚虫遗骸聚积而成。

① 红树林海岸是由红树植物覆盖的海岸。据统计，全球75%的热带和亚热带的低洼海岸有红树植物生长，主要分布在南、北回归线之间，由其控制覆盖的面积约 24 万 km^2。在北半球，由于黑潮暖流的影响，红树林可出现在日本九州(32°N)与我国台湾基隆，而大陆沿岸，红树植物的自然生长边界为福鼎(27°N)，人工引种可达浙江苍南(28°N)；福建、两广和海南沿海均有断续分布，总长约 400 多 km，约 4 万多 hm^2，以海南较为茂盛。

红树林是一种生长于高温、低盐河口或内湾淤泥质潮滩上的特殊植被类型，它具有与环境相适应并保护环境生态的功能，特别是在中潮滩经繁殖可形成茂盛的红树林带并构成森林生态系，具有消浪、阻流、促淤、保滩的作用，形成一道与岸线平行而能抗御风浪的绿色屏障。红树林是世界上最多产、生物种类最繁多的生态系之一。它为 2 000 多种鱼类、森林脊椎动物和附生植物提供栖息地。林下蕴藏着丰富的水产资源，应注意合理开发利用与保护，已先后建有广西河山口和海南东寨港红树林自然保护区。

② 瑚礁海岸主要分布在南纬 30°与北纬 30°之间的热带和亚热带地区，珊瑚礁及其周环境面积约 60 万 km^2。我国南海诸岛、海南、台湾及澎湖列岛和两广沿岸均有分布。

大陆沿岸以岸礁(礁体贴岸分布)为主，南海诸岛以环礁(礁体呈环形堆积)为主。最长的岸礁发育在红海沿岸，长达 2 700 km；环礁在三大洋的热带海域均有分布。滨海的礁坪对波浪具有较强的消能作用，往往形成护岸的屏障。这类海岸岸线曲折，常常伴有潟湖与汊道，岸滩较陡，也有适合建设中小型港口和渔港的场所。已开发利用的海岸有八所港、三亚港、榆林港、新村港等。此外，珊瑚礁海岸往往又是海洋油气富集区，在南海已发现古礁型油气田；珊瑚礁是海洋中的“热带雨林”，属于高生产力生态系，约 1/3 的海洋鱼类生活在礁群中而构成水产资源的富集区；珊瑚礁是尚未开发的巨大生物宝库，其中有重要的药用和工业用价值；珊瑚礁又是海洋中的一大奇异景观，为发展滨海旅游业提供了条件，如澳大利亚大堡礁保护区和我国的三亚珊瑚礁自然保护区。

上述各类海岸都按照其自身的演变规律逐步发生变化，由于各自的特征不同，人类生产活动对各类海岸的影响迥异。生物海岸比较脆弱，若开发不当，可能加速其侵蚀或淤积。

2.3 课后思考题

(1) 说说河口可分为哪些类型，分类标准为何？

(2) 阐述河口有哪些分类方法？

(3) 阐述海岸的分类方法具体有哪些，其依据的标准为何？

(4) 说说河口分类的意义在哪里?

(5) 谈谈强潮河口的特征主要表现在哪里?

(6) 简述淤泥质海岸的基本特征及演化规律。

(7) 简单说说河口径流下泄入海的扩散过程。

(8) 简要说明不同类型海岸的滩面呈现状态及表现形式。

(9) 河口与海岸分类的共同点和不同点有哪些,简要说明一下。

(10) 海岸分类在泥沙运动研究中的重要性体现在哪里,至少说出3个方面。

(11) 说说国内主要河口分别属于那种河口类型,其依据为何?

(12) 简单说明中国沿海各省的海岸类型分布。

(13) 阐述砂质海岸泥沙运动的基本特征,说明作用水动力。

(14) 说说淤泥质河口和淤泥质海岸水沙运动的差异主要表现在哪里?

(15) 简单叙述三角洲型河口水沙运动研究需要注意的地方。

第 3 章　河口海岸水沙环境特征

3.1　河口水沙环境

3.1.1　河口水沙特征

由于河口是大陆与海洋两种力量此消彼长的区域，兼有二者及其叠加以后的动力因素，其水流、泥沙运动及床面变化的物理机制十分复杂。

这种复杂性首先表现为动力因素的多样性。河流方面的主要动力因素是径流，海洋方面的主要动力因素为潮汐，在宽阔的河口口门附近及海岸还有波浪和沿岸流的作用。此外，由于河水、海水的密度不同，形成的盐水异重流也与河口的水流形态以及淤积形态密切相关。

其次是动力因素的多变性。径流在年内有洪、枯之分，多年又有丰、少之别；潮汐则不仅有日、月、年、多年的周期性变化，而且还有在浅水区发生的浅水变化；而波浪则更有随机性变化等特征。

同时，由于河口区普遍受风、浪等动力因素的作用，因风暴而引起的增减水现象亦较为常见。此外，河口区是海水与淡水交汇的区域，由于海水与淡水的密度和盐度不同，二者交汇往往容易引起盐、淡水混合和盐水入侵的问题，由此使得河口区水流流速的垂向结构发生变化，而由于表层和底层水体流动方向的差异，亦容易形成垂向环流；而对于宽敞河口而言，科氏力的作用亦相当明显，由此在河口区易形成较大范围的横向环流及平面环流。

河口区复杂的水流运动以及多样化的动力因素，使得河口区泥沙的来源亦呈现多途径、多样化。

河口区泥沙通常既有海域来沙，又有陆域来沙。

(1) 陆域来沙

陆域来沙指由径流自上游流域带入河口的陆相泥沙。受径流季节性变化的影响，陆域来沙或流域来沙往往也具有显著的季节性特征。典型的如长江口，洪季及枯季来沙呈现巨大的差异，进而使得洪枯季长江口的冲淤特征也表现出显著的季节性差异，洪淤枯冲的特点明显。

(2) 海域来沙

海域来沙指由外海潮流挟带上溯进入河口的海相泥沙。受河口外周期性涨落潮流携带输运作用，海域来沙对河口泥沙输运的影响也具有显著的周期性。并且，受外海风、浪等随机作用，外海来沙对河口的影响往往更为复杂且多变，尤其恶劣天气环境下，大风、大浪作用下，河口外拦门沙往往受到剧烈扰动而成为进入河口的重要泥沙来源，其演化过程也更为复杂。

(3) 河口内泥沙交换

河口区内由于滩槽和底床的冲淤变化而引起泥沙局部搬运。对于稳定型或趋于稳定型河口，河口内的泥沙交换相对较弱，泥沙的局部搬运更多地受人类活动等方面的外在影响。而对于侵蚀性或淤积性河口而言，滩槽演变始终处于发展演化的状态，来水来沙的变迁可能引起河口滩槽床面泥沙的强烈交换和搬运。

3.1.2　典型河口水沙特征——以长江口为例

长江是亚洲第一长河和世界第三长河，全长约 6 300 km，其干流发源于青藏高原东部唐古拉山脉各拉丹冬峰，穿越中国西南、中部、东部，最终在上海市汇入东海。长江流域覆盖面积很大，大概是中国陆地面积的五分之一，并且凭借源源不断的水流养育了中国大陆三分之一的人口。

结合长江口的水动力条件和河槽演变的差异，可以将长江河口区域分为三个区段，分别为大通(枯季潮区界)至江阴(洪季潮流界)的河口区的近口段(河流段)、江阴至河口拦门沙浅滩的河口段(过渡段)以及长江口口门以外至−30 m 等深线的河口区的口外海滨段(潮流段)。其中近口段长约 400 km，河道已经发育成为稳定的江心洲河型；河口段长约 220 km，河槽分汊多变，浅滩沙洲密布；口外海滨段以潮流为主，是径流泥沙的扩散沉积区。

长江口三级分汊四口入海的形态如下图所示。

图 3.1.2-1　长江口平面形态示意

(1) 径流

长江作为中国第一大江,水源充足,径流量充沛。在气候条件上受到东亚季风和海洋性季风气候影响,降雨充沛,最终导致长江的径流量很大。长江的入海水量在年内分配不均,存在明显的季节性变化,洪季一般为5—10月,流量较大,这六个月份的输水量占全年的71.12%;枯季一般为11月—次年4月,流量较小,其输水量占全年的28.9%。长江口的南支为主要径流下泄通道,北支下泄长江径流的比例大约在5%,虽然分流比较小,但是由于长江口径流量较大,因此北支下泄的径流量大小依旧非常可观。作为长江下游控制站,大通站控制的长江口流域面积为170.54万 km^2。根据大通水文站在1950—2013年的水文资料统计,大通站多年平均流量为28 300 m^3/s。枯季时刻,大通站2月多年(1950—2014年)平均流量为12 090 m^3/s,3月多年(1950—2014年)平均流量为16 511 m^3/s;洪季时刻,大通站7月多年(1950—2014年)平均流量为49 410 m^3/s。

(2) 潮汐与潮流

长江口为中等潮汐河口,潮汐主要受到东海前进的潮波系统(M_2分潮为主)和黄海旋转潮波的影响。潮波的波形表现为混合波,以前进波为主。潮波进入长江口后发生潮波变形成为非正规半日潮,即在一个太阴日内,有两次高潮和两次低潮。长江口自口外向口内,沿程能量衰减,潮差逐渐减小(北支除外),涨潮历时缩短,落潮历时延长,且涨落潮的最大流速发生在高潮位与低潮位的前1.5~2 h(表3.1.2-1)。

表3.1.2-1 长江口潮差沿程变化 单位:m

潮汐特征值	测站									
	鸡骨礁	大戢山	九段东	下浚	中浚	横沙	长兴	高桥	石洞口	七丫口
平均潮差	2.57	2.88	2.84	2.91	2.67	2.60	2.47	2.39	2.15	2.28
最大潮差	4.52	4.89	4.96	5.05	4.62	4.49	4.46	4.66	4.18	4.02

潮流的运动形式一般可分为旋转流和往复流两种,长江口靠近外海区域属于正规半日潮流,属于旋转流,涨潮流速小于落潮流速,涨落潮历时差小。长江口内属于非正规半日潮流,一般为往复流,涨潮期比落潮期短。口内流速具体表现为落潮大于涨潮,该现象在上游区域比较明显。长江河口范围较大,口门宽度达到90 km,导致涨落潮进出口的潮量也很大。当径流量和潮差都接近平均值时,河口总进潮量可以达到263 000 m^3/s,大约是平均径流量的9倍。整体来说,长江口南支落潮量和涨潮量均大于北支,在长江口南支的各个入海口,除南槽曾有过倒灌北槽的特殊情况外,其余入海口均是落潮流占优势。

(3) 风与波浪

长江口区域属于亚热带季风气候,风向的季节性特征显著,其常风向为SE—ESE,强风向为NW—NNW。一般冬季风力虽然大,但对于长江口来讲是离岸风,对河口动力影响不大。相比而言,春季和夏季的东南风以及东北风对河口动力过程影响更大。

长江口口门宽度约90 km,口外水域开阔,无岛屿等屏障,口内浅滩众多,故口内风浪小于口外风浪。且波浪自长江口口外向口内传播时，由于地形约束的影响，波浪能量会逐渐衰减从而导致往口内传播的波浪波高逐渐减小，所以口外的风浪周期大于口内。

（4）盐度

长江口外海的海水会沿北支、北港、北槽、南槽四口上溯，长江口外底层的高盐水主要来自东海南部陆架水域的台湾暖流，夏季表层的高盐水则主要来自台湾海峡。东海北部陆架区域的黄海混合水在冬季也有入侵长江口外的迹象。盐水入侵表现为等盐度线呈楔状伸向上游，表底层盐度差别较大。

长江口沿程可按照盐度控制的因素分成四段，口外高盐区、常规上溯区、北支倒灌区和上游无盐区。口外高盐区为长江口口门以外的海域，口门处多年平均盐度为10‰以上，50 m等深线处年平均盐度在20‰～35‰之间。常规上溯区为口门至高桥站的河段以及北支口至崇头的河段，南支盐度变化范围在2‰～20‰，北支的平均盐度在5.36‰左右。北支倒灌区为徐六泾向下至高桥站河段，其年平均盐度小于1‰。上游无盐区指的是徐六泾以上，这一段的水体离外海较远，主要受到径流的控制，水体平均盐度小于0.02‰。

按照盐淡水混合强度的不同，可以将河口汊道划分为不同的混合类型。长江口北支属于强混合型，而南槽、北槽和北港的盐淡水混合强度逐渐降低，一般属于缓混合型。长江口径流量最大与最小的差距可达20倍，多年平均的变动幅度一般为7倍左右；长江口的潮差的最大值与最小值的差距可高达28倍，月内变动幅度为10倍左右，因而在不同的径流潮流组合下，同一汊道在不同时期的混合类型可能会不一样，如在枯季大潮时可能是强混合型，在洪季特小潮时，可能是高度分层型。实测资料统计表明洪季出现缓混合型的概率在75%以上，枯季出现的概率在50%左右，全年出现缓混合型盐淡水入侵的概率在60%～70%。

（5）上游流域来沙

长江大通水文站测得的多年平均年输沙量大概在3.6亿t，1964年年输沙量达到最大，约为6.78亿t，2011年年输沙量最小，约为0.72亿t。据王利花等人[22]研究，大通站的输沙量年际波动较大，并且输沙量的下降态势非常明显，具体表现为在20世纪80年代，大通站的输沙量就经历过一次骤减，2000年以后，大通水文站的输沙量下降得也是越来越快，在2002年，输沙量的突变幅度甚至达到了64.3%。总体来说，输沙量的减少可以归结为长江流域内水土保持工作进展顺利，加上这些年气候变化的因素。在2003年之后，大通水文站输沙量的减小可以归结为三峡水库截留了一部分来自长江上游流域的泥沙，从而导致由长江入海的泥沙量减小。图3.1.2-2为1953年到2017年长江大通站年径流量和输沙量的变化过程线[23]。

（6）口外海域来沙

在长江口外有一个水下三角洲，其沉积物的组成层主要是0.06 mm以下的细颗粒淤泥质，覆盖的面积较大，坡度平缓，在这个三角洲的附近还分布有广阔的淤泥质潮滩。这些潮滩和三角洲，在长江口外海潮流和波浪的共同作用下，容易被掀起大量的泥沙，并被带入长江口的河槽之中，在冬季和暴风浪期更为严重。

图 3.1.2-2　长江大通站年径流量和输沙量的变化过程线(1953—2017 年)[23]

(7) 河口浅滩和底沙再悬浮

由河口区域的岸滩、心滩、河槽的局部冲淤和滩槽之间的变化而引起的泥沙搬运的数量是非常可观的。在风浪和水流紊动较强的时期,再悬浮的细颗粒泥沙量也很大,成为长江河口的最大浑浊带的主要泥沙来源[24]。

(8) 悬沙粒径及分布

长江口区域悬沙粒径较细,中值粒径变化范围不大,在 0.007 6～0.009 9 mm 之间,悬沙粒径普遍表现为大潮最大,中潮次之,小潮最小,见表 3.1.2-2。

表 3.1.2-2　长江口各河段的悬沙中值粒径均值表[25]　　单位:mm

潮型	南支	北港	南港	北支上段	北支下段
大潮	0.008 6	0.009 6	0.008 9	0.009 8	0.008 2
中潮	0.008 8	0.008 3	0.008 3	0.007 4	0.009 7
小潮	0.007 7	0.007	0.007 3	0.008 2	0.007 7
平均	0.008 4	0.008 5	0.008 2	0.008 5	0.008 4

长江口内的悬沙类型大多是粉砂,而外海大陆架海域的悬沙类型多为黏土与粉砂。长江口的床沙粒径分布整体表现为“两头粗,中间细”,见图 3.1.2-3,南支河段的床沙主要是细沙,平均粒径处于 0.15～0.22 mm,从上游至外海沿程细化。拦门沙河段的床沙类型多样,主要组分为黏土质粉砂,该类床沙在主槽分布较多,另外细沙在主槽分布也较多,数量高于浅滩[26]。拦门沙以外海域的床沙主要由细颗粒泥沙组成,类型是黏土,中值粒径小于 0.02 mm。外海陆架的床沙粒径较大,范围达 0.15～0.3 mm[27]。

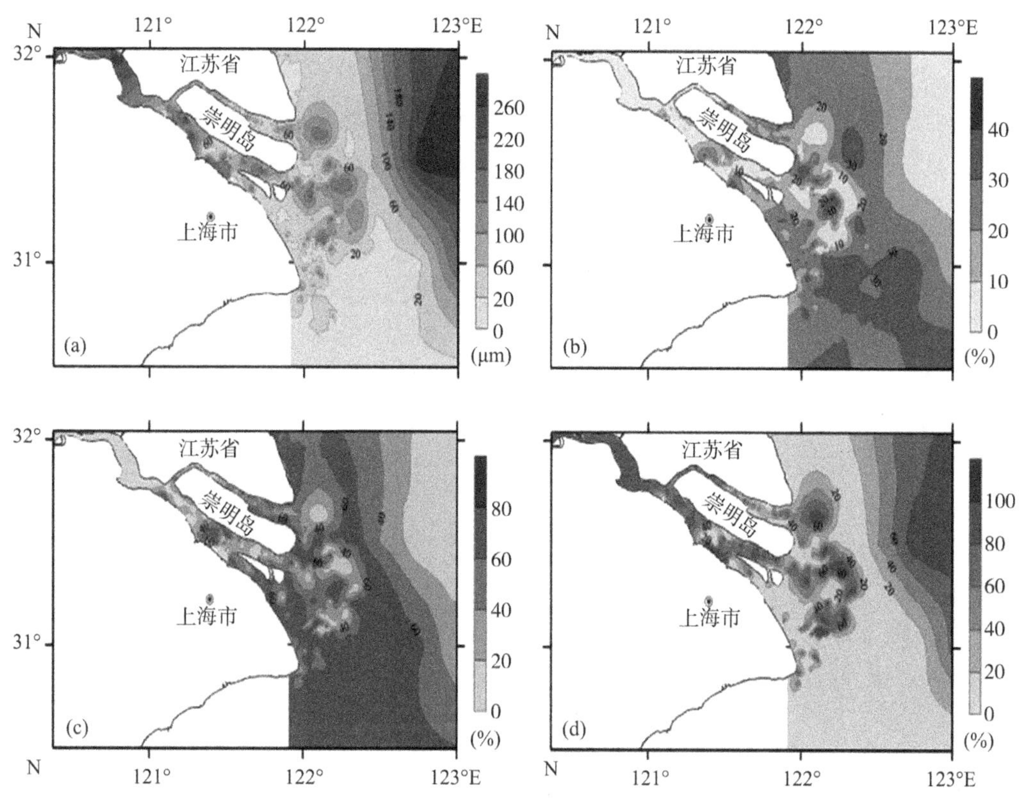

图 3.1.2-3 长江口泥沙中值粒径(a)、黏土(b)、粉砂(c)和沙(d)的百分含量分布[26]

3.2 海岸水沙环境

3.2.1 海岸水沙特征

与河口水动力类似,海岸的水动力依然存在多样性和复杂性,不过,当海岸缺少大型入海河口时,海岸的水动力特征往往不具备河口水动力的季节性变迁特点。

海岸水动力的多样性主要表现在潮汐潮流、风、浪等多种动力并存。

(1) 周期性潮汐潮流

潮汐潮流具有显著的半日潮、全日潮或混合潮的周期性。海岸潮位具有显著的周期性演化特征,而潮流特征则往往表现为近岸为往复流、离岸为旋转流。在弱潮区海岸,水动力往往以波浪作用为主,而中潮或强潮海区,潮动力作用对海岸的演化不可忽视。强潮海区的潮流速往往比较大,峡口或海峡区的潮流速甚至可达几节,其中,开阔的沿岸近海区是主要的潮能消散地带。

(2) 波浪作用

根据成因,波浪往往可分为风浪和涌浪。其中,涌浪主要受到外海入射波浪的影响;而风浪则受到风的作用显著。我国沿海的波浪大多以风浪为主,唯黄海沿岸的成山头至日照港一带以涌浪为主。我国沿海的波浪时空分布受季风影响明显，通常，冬季寒潮大风时，北方沿海波浪相对较大，如塘沽最大波高达 6.5 m，成山头 8.0 m；夏季、秋季受台风影响南方沿海的波浪相对较大，如遮浪最大波高达 9.5 m，莺歌海最大波高达 9.0 m。沿海最大波高多出现于东海地区，且外海波浪传播至海岸过程中，受地形等诸多因素影响，往往存在折射、绕射、发展、破碎等演化特征。

(3) 风暴潮

风暴潮是由热带气旋或温带气旋行进于大洋边缘的大陆架浅水海域沿岸所导致的潮位异常升降运动，海湾或河口地区尤甚。我国沿海的风暴潮灾害在西太平洋沿岸国家中是最为严重的。夏秋季多台风风暴潮，冬春季多寒潮大风风暴潮。据统计，1949—1990 年这 42 年中发生最大增水超过 1 m 的台风风暴潮 259 次，其中风暴潮位大于等于 2 m 的 46 次，大于等于 3 m 的 8 次。

(4) 寒潮与海冰

寒潮是强冷空气的活动。在寒潮和强冷空气的前锋到来后，往往会出现 6～8 级偏北大风、10 级以上阵风(甚至超过 12 级)，并伴有雷、雨、冻雨或冰冻。我国北方沿岸，受寒潮大风侵袭，往往可能导致渤海及黄海北部沿岸不同程度的冰冻现象。有与岸冰冻结在一起的固定冰，也有随着风与流漂移的流冰，还有重叠冰和堆积冰。

(5) 海啸

海啸是由海底地震、海底火山爆发、海岭崩塌或滑坡引起海水振动而形成的巨浪。海啸可分为远洋或越洋海啸和近海或本地海啸两种。前者可使远隔重洋的彼岸沿海也遭受其危害，后者生成源地与其造成的危害同处于一地，往往无法预警，危害更为严重。

在海岸动力作用下，海岸泥沙不可避免发生搬运演化。海岸的自然形态主要受制于海岸泥沙运动，而海岸泥沙运动又受制于三大要素，即海岸动力(浪、潮、流等)，泥沙因素(包括泥沙来源和泥沙特性)和工程环境。

通常海岸泥沙来源主要有：河流入海泥沙，海岸海滩及岛屿侵蚀泥沙以及海岸生物残骸形成的泥沙(如贝壳)；在沙漠沿海，风沙也是海岸泥沙的一个来源。

(1) 河流入海泥沙

河流泥沙主要来自陆地土壤侵蚀。全世界的土壤侵蚀面积约 2 500 万 km^2，其中 1/4～1/3 的表土层侵蚀严重，每年约有 600 亿 t 表土被冲刷，入海泥沙约 170 亿 t。

我国水力侵蚀显著的面积约 150 万 km^2(也有统计为 179 万 km^2)，主要集中在长江、黄河、淮河、珠江、海河、松花江和辽河流域，入海泥沙年平均 19.4 亿 t，其中长江 5.2 亿 t。

(2) 岸滩及岛屿侵蚀泥沙

在天然情况下，海岸、海滩和岛屿都是在历史的长河中形成的，多数处在冲淤相对平衡的稳定状态，少数处于淤积或侵蚀状态。如我国苏北的废黄河口岸滩，1855 年黄河改道由山东入海后，这里的岸滩即由淤涨转向侵蚀，侵蚀下来的泥沙构成邻近岸段的泥沙来源。

这种侵蚀为邻近岸段提供的泥沙，随着时间的推移，将会逐渐减小。这是海岸动力与岸滩地貌的相互作用逐渐趋于平衡之故。我国连云港回淤减轻的趋势，除与一些工程措施有关以外，还与废黄河口岸滩侵蚀提供的泥沙来源逐渐减少有关。

(3) 海生物残骸形成的泥沙

生物残骸形成的泥沙,以前很少引起人们的注意。中华人民共和国成立以来,我国的海岸地貌工作者,在渤海湾沿岸和苏北沿岸进行了多次海岸地貌调查,在陆地沿岸发现一条条堆积相当高而且与海岸走向基本平行的贝壳堤(图 3.2.1-1)。

(a)

(b)

(c)

图 3.2.1-1 沿岸分布的贝壳堤

贝壳堤的发现除了帮助确定历史上海岸水边线位置和岸线的演变趋势外，同时也告诉人们海生物残骸在某些海岸带形成的海岸泥沙，其数量也是很可观的。在苏北小丁港岸段潮上带，这里的岸滩泥沙中贝壳沙占有相当比例，当地不少农民挖取这里的海沙作为鸡饲料的掺和料。

(4) 风沙

风沙一般指风扬起的床面或地面上的且随风运动的沙土，也指强风把地面大量沙尘物质吹起并卷入空中，使空气特别混浊的自然现象。风携带的沙对地表松散碎屑物的侵蚀、搬运和堆积的过程，统称为风沙作用，包括风沙的侵蚀作用、搬运作用和堆积作用。

通常风沙作用在滨海沙漠地区较为常见。

3.2.2 典型海岸水沙特征——以江苏海岸为例

江苏省海岸带地处我国沿海中部，北起连云港市赣榆区的锈针河口，与山东省搭界，南抵长江口北岸南通启东市连兴港；地理岸线增加长江口河口岸线，从启东市连兴港沿长江口北支向西，经苏通大桥，向南至太仓市浏河镇东侧苏沪交界 35 号界碑外侧。

(1) 潮汐与潮流

江苏东部海域为东海前进潮波和南黄海旋转潮波系统所控制，这两个潮波波峰线在弶港岸外交汇。此地区为强潮区，潮波幅聚点在弶港附近，平均潮差可达 3.9 m；黄沙洋主槽西尖平均潮差为 4.9 m；小洋港实测最大潮差(1981 年)达 9.28 m；西洋王港和小庙洪吕四平均潮差分别为 5.44 m 和 3.68 m，最大潮差达 6.74 m 和 6.87 m。

该地区浅海分潮显著，潮汐过程曲线出现明显变形，为不正规半日潮浅海潮区，涨潮历时缩短，落潮历时延长，涨落潮历时相差较大。

江苏中部的条子泥海区，属强潮环境，动力条件复杂，风暴潮作用频繁。尽管据沙洲内缘区各闸下水文站的记录，平均潮差不足 4 m，但是不能代表条子泥水域，尤其是西大港东侧水域。高泥、东沙、蒋家沙以及竹根沙的大潮平均潮位可达 3～6 m，甚至还要大，潮波变形剧烈。条子泥滩面各潮沟系统，在涨潮时有涌潮现象，西大港涌潮最强。涌潮后的最大流速可达 2～3 m/s。这是强潮海岸特有的现象。海岸动力学和沉积学研究表明，在条子泥水域，风暴潮作用强烈。风暴潮是江苏省海岸最常见的自然灾害。每年均有 1～2 次台风对江苏海岸有明显影响。尤其是夏秋天文大潮高潮位与到达岸边的风暴潮最大增水水位辐合，将大大抬高高潮位，加强潮流余流，并改变了潮流分布情况，尤其是加大了西大港的不稳定性。

此外，江苏东部海区潮流作用相对较强，尤其辐射沙洲海区，潮动力是辐射沙洲的主要动力因素，研究表明，潮能率和潮流速分布决定了沙洲南北沙脊及深槽的空间分布和形态，而次生横向环流则影响了沙洲的演变和发育。

(2) 波浪

江苏海区全年盛行偏向浪，多为风浪为主的混合浪。南部偏北浪的频率为 63%，主浪向为 ENE，其频率为 8%，强浪向为 NW 和 N；北部偏北向浪频率为 68%，主浪向为 ENE，其频率为 14%，强浪向为 NE。平均波高和平均周期年变化不显著。辐射沙脊群外缘和沿岸外测波浪较近岸大，水深 15～20 m 附近有 3 个大浪区，中心位置位于废黄河口、射阳河口及弶港以东 200 km，最大波高可达 9 m。弶港近岸仅能出现越过沙洲的破碎波。因此波高较小，最大不超过 2 m。由于水下地形复杂，滩槽相间，沿海波浪分布比较复杂，有多个波浪辐聚区，由波能流引起的泥沙沿岸运动不容忽视。

(4) 悬沙特征

江苏沿海海域悬沙中值粒径均较细，属于黏性细颗粒泥沙的范畴。冬季和夏季悬沙粒径在废黄河口至弶港之间具有基本保持一致的分布趋势，这初步表明江苏沿海中部海域，悬沙属于同一来源，且与西洋水道直接相连的南、北部水域泥沙交换也较为频繁。

江苏沿海北部海州湾水域，潮平均含沙量相对较低，不论冬季还是夏季期间，潮平均含沙量基本在 0.1～0.3 kg/m^3 之间变化；中部废黄河口至小洋口港附近水域，含沙量普遍高于江苏北部和南部海域，不论冬季还是夏季，该水域含沙量普遍在 0.6 kg/m^3 以上；南部水域，冬季和夏季的含沙量相差不大，平均在 0.3 kg/m^3 左右，水体含沙量明显小于辐射沙洲内部水域的含沙量，

(5) 底沙特征

从岸滩沉积样的中值粒径值来看，所有岸滩粒度样本中值粒径的平均值为 4.20ϕ，最大值为 7.6ϕ，粒级为极细粉砂，最小值为 −0.45ϕ，粒级为极粗砂，同平均粒径基本一致，说明江苏岸滩沉积物组成主要以细颗粒物质为主。

岸滩沉积物中值粒径自陆向海分布同样具有明显的规律性。在粉砂淤泥滩，平均粒径都是在低潮水边线最粗，向陆方向变细；砂质海岸相反，近岸中值粒径多在 2ϕ 左右，水

边线附近 ϕ 值变大，颗粒变细。

3.3 课后思考题

(1) 简要叙述河口的水动力环境特点。

(2) 简要说明海岸的水动力环境特征。

(3) 举例说明河口泥沙基本特点。

(4) 谈谈海岸泥沙基本特征，结合不同海岸类型进行说明。

(5) 简述河流及河口、海岸水动力环境的区别。

(6) 结合河流水流理论研究成果及技术方法，简要说明河口及海岸可以引申和应用的相关水流运动理论及研究方法。

(7) 简要说明理论研究和试验研究的区别及优劣，并举例阐述。

(8) 泥沙运动形式如何分类?

(9) 结合实例，阐述泥沙运动分类的基础是什么?

(10) 谈谈悬移质运动和推移质运动的差别主要体现在哪里?

(11) 简要说明悬沙及底沙运动如何转化?

(12) 简述均匀沙运动的主要理论方法。

(13) 说说均匀沙和非均匀沙运动表现出来的特征差异及原因。

(14) 均匀沙运动研究的难点在哪里?

(15) 概括性说明现阶段非均匀沙运动研究的不足主要在哪里?

第 4 章　波浪数值模拟

4.1　波浪数值模拟技术

从发展的角度上来看，实测数据的不断积累以及海浪统计理论的系统性建立为海浪技术的发展奠定了基础，而后续海浪预报技术的深入研究与迅速发展则离不开风浪生成、海浪非线性作用、耗散作用、浅水变形等物理过程的深入研究。目前，海浪预报的发展过程可归结为三个主要阶段，分别为第一代、第二代和第三代海浪模式[28]。

第一代海浪模式的典型特征为：海浪谱成长的最终状态受到人为限定，且各分量的传播和成长互不影响。共振机制理论和临界层理论的形成促进了第一代海浪模式的发展。

第二代海浪模式的典型特征为：将研究重点转移到了波波之间的非线性作用上，更加强调风浪高频部分的重要性。虽然已经预见到风浪高频部分在风浪预报中的重要性，但由于直接求解风浪高频部分具有一定的困难，故而第二代模式中主要利用两种间接方式来计算波波之间非线性相互作用：其一是混合模式，将风浪谱与涌浪谱分别对待，对谱中的风浪部分进行参数化，涌浪部分进行离散化；其二为耦合模式，主要区别海浪谱中的低频与高频部分，即对低频部分进行离散化、高频部分进行参数化。

第三代模式依然重点解决前两代遗留下来的难题：区别海浪模式异同处关键是在于各模式依据的物理参数化机制不同，而这些参数化方式则直接影响模式的优劣程度。第三代海浪模式的出现主要依据第二代简化的非线性四波相互作用算法，但又区别于其数值计算方法。然而，受到计算速度的限制，为更好地提高海浪预报的实用性，第一、第二代中的部分特点依然被借鉴到第三代模式中。部分第三代模式在进行预报时将多套不同的参数化方法和数值算法集中于一体，使得功能覆盖范围更广，提高了模式的实用性，并且也为更多的物理机制的探讨和验证提供了平台，例如 NWW3、SWAN 和 MIKE21 SW。

在国内，关于海浪预报的研究历程已很久，国家科委海浪预报方法研究组（1965—1967 年）基于能量平衡方程推算出一种风浪要素计算方法，并提供了详细的计算图解。在分析与研究渤、黄海风浪实测数据的基础上，《海港水文规范》研究组给出了适用于小风区风浪要素的计算方法；依据实测数据的统计分析结果，河海大学洪广文等给出可以应用于浅水和深水区域的风浪要素推算式子——莆田公式，水深、风区和风速的影响也被计入其中；青岛海洋大学提出了适用于浅水的风浪要素计算方法，并提供了计算图解，此公式已成为我国《海港水文规范》中的浅水风浪计算公式；中国海洋大学文圣常等对风浪在深、浅水区域处的频谱进行研究，利用解析方法计算出具体风浪频谱，也被编入我国《海港水文规范》中。

自 1985 年起，西欧部分国家开始将注意力转移到完善第三代海浪数值预报中，为了将更多的物理现象计入能量平衡方程中的各个源函数项中，研究出更加完善的波浪数值预报模式，WAM 小组成立后，对浮标站、人造卫星、波浪观测资料的同化和波浪的动力学机制等进行了深入的分析与研究[29-31]。

4.2 波浪数值模拟方法

4.2.1 控制方程

近岸波浪传播过程需要考虑地形和海流空间变化导致的波浪折射作用、地形和海流空间变化导致的浅水变形作用、逆向流造成的障碍和反射作用、障碍物的阻挡或部分传播作用。模型需要考虑波浪的成长和消减过程：风成浪作用、白帽的耗散作用、水深引起的破碎作用、海底摩擦作用、波-波的非线性作用。

动谱能量平衡方程：

$$\frac{\partial}{\partial t}N+\frac{\partial}{\partial x}C_xN+\frac{\partial}{\partial y}C_yN+\frac{\partial}{\partial \sigma}C_\sigma N+\frac{\partial}{\partial \theta}C_\theta N=\frac{S}{\sigma} \tag{4.2-1}$$

式中：方程左边第一项为 N 随时间的变化率；

第二和第三项表示动谱密度在地理坐标空间 x、y 方向上的传播；

第四项表示由于流场和水深所引起的动谱密度在相对频率 σ 空间的变化；

第五项表示动谱密度在谱分布方向 θ 空间（即谱方向分布范围）的传播，亦即水深及流场而引起的折射；

方程右边的 S 代表以谱密度表示的源汇项，包括风能输入、波与波之间非线性相互作用和由底摩擦、白浪、破碎等引起的能量损耗；

C_x、C_y、C_σ 和 C_θ 分别代表在 x、y、σ 和 θ 空间的波浪传播速度：

$$C_x=\frac{\mathrm{d}x}{\mathrm{d}t}=\frac{1}{2}\left[1+\frac{2kd}{\sinh(2kd)}\right]\frac{\sigma k_x}{k^2}+U_x \tag{4.2-2}$$

$$C_y=\frac{\mathrm{d}y}{\mathrm{d}t}=\frac{1}{2}\left[1+\frac{2kd}{\sinh(2kd)}\right]\frac{\sigma k_y}{k^2}+U_y \tag{4.2-3}$$

$$C_\sigma=\frac{\mathrm{d}\sigma}{\mathrm{d}t}=\frac{\partial \sigma}{\partial d}\left(\frac{\partial d}{\partial t}+\boldsymbol{U}\cdot\nabla d\right)-C_g\boldsymbol{k}\cdot\frac{\partial \boldsymbol{U}}{\partial s} \tag{4.2-4}$$

$$C_\theta = \frac{\mathrm{d}\theta}{\mathrm{d}t} = \frac{1}{k}\left(\frac{\partial\sigma}{\partial d}\frac{\partial d}{\partial m} + \boldsymbol{k}\cdot\frac{\partial \boldsymbol{U}}{\partial m}\right) \tag{4.2-5}$$

式中：$\boldsymbol{k} = (k_x, k_y)$ 为波数；

d 为水深；

$\boldsymbol{U} = (U_x, U_y)$ 为流速；

s 为沿 θ 方向空间坐标；

m 为垂直于 s 的坐标；

算子 $\frac{\mathrm{d}}{\mathrm{d}t}$ 定义为：$\frac{\mathrm{d}}{\mathrm{d}t} = \frac{\partial}{\partial t} + \boldsymbol{C}\cdot\nabla_{x,y}$。

4.2.2　过程参量处理方法

能量输入、消耗和非线性波与波相互作用等物理过程的处理方法如下。

(1) 风能输入

根据 Philips 的共振机制和 Miles 的切流不稳定机制，将风能输入分为线性增长和指数增长两部分：$S_{in}(\sigma,\theta) = A + BE(\sigma,\theta)$，其中 A 代表线性成长部分，B 代表指数成长部分，A、B 与波浪频率、波向、风速和风向有关。海流对风能输入的影响计入当地表观风速和风向。

根据 Caraleri 和 Malanotte-rizzoli 的研究成果，线性成长项 A 可表示为：

$$A = \frac{1.5\times10^{-3}}{g^2\times2\pi}\{U_*\max[0,\cos(\theta-\theta_W)]\}^4 H \tag{4.2-6}$$

式中：$H = \exp[-(\sigma/\sigma_{PM}^*)^{-4}]$，$\sigma_{PM}^* = \frac{0.13g}{28U_*}2\pi$，$\theta_W$ 为波向；

H 为过滤器，其作用是除去低于 Pierson-Moskowitz 谱的最低频率处的波浪成分；

σ_{PM}^* 为充分发展海况峰频，可由 Pierson-Moskowitz 谱确定；

U_* 为风摩阻速度：$U_*^2 = C_D U_{10}^2$，其中 U_{10} 为海面上 10 m 处风速，C_D 为拖曳系数：

当 $U_{10} < 7.5$ m/s 时，

$$C_D = 1.2875\times10^{-3} \tag{4.2-7}$$

当 $U_{10} \geqslant 7.5$ m/s 时，

$$C_D = (0.8 + 0.065\times U_{10})\times10^{-3} \tag{4.2-8}$$

根据 Komen 等的研究成果，风作用下波浪的指数成长部分 B 是 U_*/C_{ph} 的函数：

$$B = \max\left\{0, 0.25\frac{\rho_a}{\rho_W}\left[28\frac{U_*}{C_{ph}}\cos(\theta-\theta_W) - 1\right]\right\}\sigma \tag{4.2-9}$$

式中：C_{ph} 为波相速度；

ρ_a 和 ρ_W 分别为空气和水的密度。

Janssen 根据准线性风波理论，得到 B 的另一表达方式：

$$B=\beta\frac{\rho_a}{\rho_W}\left(\frac{U_*}{C_{ph}}\right)^2\max\left[0,\cos(\theta-\theta_W)\right]^2\sigma \tag{4.2-10}$$

式中：β 为 Miles 常数，由无量纲数 λ 确定，$\lambda=\frac{gz_e}{C_{ph}^2}e^{\gamma}$，$\gamma=\kappa c/|U_*\cos(\theta-\theta_W)|$，其中 κ 为冯·卡门常数，$\kappa=0.41$；

z_e 为表面粗糙度有效系数，$z_e=\frac{z_o}{\sqrt{1-\tau_W/\tau}}$，$z_o=\alpha\frac{U_*^2}{g}$，$\alpha=0.01$，$\tau_w$ 和 τ 分别为波浪切应力和总表面切应力，$\boldsymbol{\tau}_W=\rho_W\int_0^{2\pi}\int_0^{\infty}\sigma BE(\sigma,\theta)\frac{\boldsymbol{k}}{k}\mathrm{d}\sigma\mathrm{d}\theta$。

当 $\lambda>1$ 时，$\beta=0$；当 $\lambda\leqslant1$ 时，$\beta=\frac{1.2}{\kappa}\lambda\ln^4\lambda$。

(2) 底摩擦

底部摩擦引起的能量消耗与底床物质构成、糙率尺度、沙纹高度等因素有关，底摩擦消耗可以表示为：

$$S_{ds}(\sigma,\theta)=-C_{bottom}\frac{\sigma^2}{g^2\sinh^2(kd)}E(\sigma,\theta) \tag{4.2-11}$$

式中：C_{bottom} 为底摩擦系数，与底部波浪水质点的运动轨迹有关。

Hasselmann 等建议对于涌浪情形，$C_{bottom}=0.038\ \mathrm{m^2s^{-3}}$，对于浅水充分发展波，$C_{bottom}=0.067\ \mathrm{m^2s^{-3}}$。Collins 认为 $C_{bottom}=C_fgU_{rms}$，其中 $C_f=0.015$，U_{rms} 表示底部水质点运动速度均方根值，则 U_{rms} 与谱能 $E(\sigma,\theta)$ 的关系为：

$$U_{rms}^2=\int_0^{2\pi}\int_0^{\infty}\frac{\sigma^2}{\sinh^2(kd)}E(\sigma,\theta)\mathrm{d}\sigma\mathrm{d}\theta \tag{4.2-12}$$

Madsen 考虑了海岸地区的底部特征（底质、糙度及沙纹高度），提出底摩擦涡黏模型，认为底部摩擦系数为 $C_{bottom}=f_w\frac{g}{\sqrt{2}}U_{rms}$，其中 f_w 为无量纲因子，由下式决定：

$$\frac{1}{4\sqrt{f_w}}+\log\left(\frac{1}{4\sqrt{f_w}}\right)=m_f+\log_{10}\left(\frac{a_b}{k_N}\right) \tag{4.2-13}$$

式中：$m_f=-0.08$；

k_N 为底部糙率尺度；

a_b 为近底波浪振幅，$a_b^2=2\int_0^{2\pi}\int_0^{\infty}\frac{1}{\sinh^2(kd)}E(\sigma,\theta)\mathrm{d}\sigma\mathrm{d}\theta$，当 $a_b/k_N\leqslant1.57$ 时，$f_w=0.30$。

(3) 白浪损耗

根据 Hasselmann 的脉动模型，以波数而不是以频率表示白浪引起的能量消耗：

$$S_W(\sigma,\theta)=-\Gamma\bar{\sigma}\frac{k}{\bar{k}}E(\sigma,\theta) \tag{4.2-14}$$

式中：$\bar{\sigma}$ 和 $\bar{k}$ 分别代表平均频率和平均波数。

Γ与波陡有关：

$$\Gamma = C_{ds}\left[(1-\delta)+\delta\frac{k}{\bar{k}}\right]\left(\frac{\bar{S}}{\bar{S}_{PM}}\right)^{P} \tag{4.2-15}$$

式中：$\bar{S}$ 是总波陡，$\bar{S}=\bar{k}\sqrt{E_{tot}}$；

$\bar{S}_{PM}$ 代表 Pierson-Moskowitz 谱的 $\bar{S}$；

C_{ds}、δ、P 为可调参数，当使用 Komen 公式时，$C_{ds}=2.36\times10^{-5}$，$\delta=0$，$P=4$；当使用 Janssen 公式时，$C_{ds}=4.10\times10^{-5}$，$\delta=0.5$，$P=4$。

平均频率 $\bar{\sigma}$、平均波数 $\bar{k}$ 和总波能 E_{tot} 被定义为：

$$\bar{\sigma}=\left[E_{tot}^{-1}\int_0^{2\pi}\int_0^{\infty}\frac{1}{\sigma}E(\sigma,\theta)\,\mathrm{d}\sigma\mathrm{d}\theta\right]^{-1} \tag{4.2-16}$$

$$\bar{k}=\left[E_{tot}^{-1}\int_0^{2\pi}\int_0^{\infty}\frac{1}{\sqrt{k}}E(\sigma,\theta)\,\mathrm{d}\sigma\mathrm{d}\theta\right]^{-2} \tag{4.2-17}$$

$$E_{tot}=\int_0^{2\pi}\int_0^{\infty}E(\sigma,\theta)\,\mathrm{d}\sigma\mathrm{d}\theta \tag{4.2-18}$$

(4) 非线性波与波之间相互作用

在深水情形下，四相波与波的相互作用起主要作用，谱能由谱峰处向低频(使得峰频变小)和高频转移(高频处能量由于白浪而耗散掉)。在浅水中，三相波与波之间非线性相互作用是主要影响因素，能量由低频向高频处转移。

① 四相波与波之间非线性相互作用

四相波与波之间非线性相互作用的计算如果采用其原理公式将极其费时不便，大多采用参数化方法或其他近似方法以提高计算速度，常采用 Hasselmann 提出的离散迭代近似法(DIA)。在有限水深水域，Hasselmann 的研究表明，对 JONSWAP 型波谱，四相波的非线性相互作用基于无限深水域结果可以用较简单的表达式进行描述，可根据具体情况选择处理方法。

DIA 方法基于两对四相波，简述如下。

对于第一个四相波，设两个相同的波数向量($k_1=k_2=\boldsymbol{k}$)，其对应频率为 σ_1 和 σ_2，且 $\sigma_1=\sigma_2=\sigma$；另外两个波数向量与 $\boldsymbol{k}$ 的夹角分别为 $\theta_1=-11.5^0$ 和 $\theta_2=33.6^0$，其相应频率分别为 σ_3 和 σ_4，令 $\lambda=0.25$，则 $\sigma_3=\sigma(1+\lambda)=\sigma^+$，$\sigma_4=\sigma(1-\lambda)=\sigma^-$。

第二个四相波是第一个四相波的镜像，亦即两个波数向量与 $\boldsymbol{k}$ 的夹角分别为 $\theta_1=11.5^0$ 和 $\theta_2=-33.6^0$。

DIA 法描述波浪非线性引起的能量变化为：

$$S_{nl4}(\sigma,\theta)=S_{nl4}^{*}(\sigma,\theta)+S_{nl4}^{**}(\sigma,\theta) \tag{4.2-19}$$

式中：S_{nl4}^{*}、S_{nl4}^{**} 分别代表第一个四相波和第二个四相波，其表达方式相同。

$$S_{nl4}^{*}(\sigma,\theta)=2\delta S_{nl4}(\alpha_1\sigma,\theta)-\delta S_{nl4}(\alpha_2\sigma,\theta)-\delta S_{nl4}(\alpha_3\sigma,\theta) \tag{4.2-20}$$

式中：$\alpha_1 = 1, \alpha_2 = 1+\lambda, \alpha_3 = 1-\lambda$。

$$\delta S_{n14}(\alpha_i\sigma,\theta) = C_{n14}(2\pi)^2 g^{-4}\left(\frac{\sigma}{2\pi}\right)^{11}\left\{E^2(\alpha_i\sigma,\theta)\left[\frac{E(\alpha_i\sigma^+,\theta)}{(1+\lambda)^4}+\frac{E(\alpha_i\sigma^-,\theta)}{(1-\lambda)^4}\right]\right.$$
$$\left.-2\frac{E(\alpha_i\sigma,\theta)E(\alpha_i\sigma^+,\theta)E(\alpha_i\sigma^-,\theta)}{(1-\lambda^2)^4}\right\}$$

其中：$C_{n14} = 3\times 10^7$。

经研究 Hasselmann 认为，有限水深四相波相互作用引起的能量变化等于无限水深时能量变化与因子 R 之积：

$$S_{n14,\,finite\ depth} = R(k_P d)S_{n14,\,infinite\ depth}$$

$$R(k_P d) = 1+\frac{C_{sh1}}{k_P d}(1-C_{sh2}k_P d)\exp(C_{sh3}k_P d)$$

其中：k_P 为起始计算时 JONSWAP 谱的峰波数；$C_{sh1} = 5.5, C_{sh2} = 6/7, C_{sh3} = -1.25$。

在极浅水域，$k_P d \to 0$ 时，此时能量非线性趋于无穷，因此规定 $k_P d = 0.5$ 是最低限，此时 $R(k_P d) = 4.43$。为增强在任意波谱情形下模型的收敛性，取 $k_P = 0.75\bar{k}$。

② 三相波与波之间非线性相互作用

Abrea 等首次试图以波能谱计算源项中的三相波与波之间非线性相互作用，然而其表达式只适用于浅水非色散波，不适用于实际风浪计算。Edeberky 和 Battjes 基于大量试验观测数据，提出离散三相近似模型(DTA)，经在风浪槽中长峰随机波沿水下沙坝和沙坝型海滩破碎衰减的试验证明：此模型在模拟能量从谱峰向高频转移的机理相当成功，Edeberky 对 DTA 法稍作修正，提出集合三相近似模型(LTA)。采用 LTA 模型表示三相波与波之间非线性相互作用引起的能量变化，其原理概述如下。

在每个谱方向上：

$$S_{n13}(\sigma,\theta) = S_{n13}^-(\sigma,\theta)+S_{n13}^+(\sigma,\theta)$$

其中：$S_{n13}^+(\sigma,\theta) = \max\{0, \alpha_{EB}2\pi cc_g J^2|\sin(\beta)|[E^2(\sigma/2,\theta)-2E(\sigma/2,\theta)E(\sigma,\theta)]\}$；$S_{n13}^-(\sigma,\theta) = -2S_{n13}^+(2\sigma,\theta)$；$\alpha_{EB}$ 为可调比例系数；$\beta = -\frac{\pi}{2}+\frac{\pi}{2}\tanh(\frac{0.2}{U_r})$；$U_r = \frac{g}{8\sqrt{2}\pi^2}\frac{H_s\bar{T}^2}{d^2}$；$\bar{T} = 2\pi/\bar{\sigma}$。

三相波与波之间非线性相互作用的计算范围为 $10 > U_r > 0.1$。J 的估算如下式：

$$J = \frac{k_{\sigma/2}^2(gd+2c_{\sigma/2}^2)}{k_\sigma d\left(gd+\frac{2}{15}gd^3k_\sigma^2-\frac{2}{5}\sigma^2d^2\right)}$$

(5) 水深变浅引起的波浪破碎

为研究波浪的破碎机理，国内外许多学者进行了大量的室内试验和现场观测，结果表明，当初始单峰波谱向浅水传播时，波谱保持相似性，由水深变浅引起的破碎总能量可表示为：

$$S_{br}(\sigma,\theta) = -\frac{D_{tot}}{E_{tot}}E(\sigma,\theta) \tag{4.2-21}$$

式中：E_{tot} 为总波能；

D_{tot} 为破碎引起的波能耗散率，根据 Battjes 和 Janssen 的研究，D_{tot} 可表示为：

$$D_{tot} = -\frac{1}{4}\alpha_{BJ}Q_b\left(\frac{\bar{\sigma}}{2\pi}\right)H_m^2 \tag{4.2-22}$$

式中：$\alpha_{BJ} = O(1)$ 是破碎波与“水跃”相似引入的能耗率校准系数；

$\bar{\sigma}$ 为平均频率，定义为：

$$\bar{\sigma} = E_{tot}^{-1}\int_0^{2\pi}\int_0^{\infty}\sigma E(\sigma,\theta)\mathrm{d}\sigma\mathrm{d}\theta \tag{4.2-23}$$

Q_b 为破波因子，可通过截断的 Raleiy 分布确定：

$$\frac{1-Q_b}{\ln Q_b} = -8\frac{E_{tot}}{H_m^2} \tag{4.2-24}$$

式中：H_m是最大可能波高，在水深变浅引起的破波过程中，最大波高可表达为 $H_m = \gamma d$，d 为局地水深，γ 是与水底坡度、入射波波陡有关的破碎指标。

Battjes 和 Janssen 基于 Miche 破碎准则，认为 $\gamma = 0.8$，1985 年经对大量室内试验和现场观测重新进行分析，发现对不同地形(平面、沙坝及沙谷)，$\gamma \in (0.6, 0.83)$，均值为 $\gamma = 0.73$；Kaminsky 和 Kraus 根据大量试验，认为 $\gamma \in (0.6, 1.59)$，均值 $\gamma = 0.79$；Nelson 对大量室内试验和现场资料进行汇总分析，认为水平地形的 $\gamma = 0.55$，非常陡的地形的 $\gamma = 1.33$，计算时宜根据具体情况选择合适的破碎指标。

(6) 波浪的反射

当海域中存在障碍物、堤坝等工程设施，波浪会发生反射或透射，根据 Goda 公式及堤或坝等障碍物高度计算透射系数 k_1，或根据 Angremond 公式及堤或坝等障碍物高度、坡度和堤宽计算透射系数，或直接定义透射系数。根据反射波高和入射波高的比值定义反射系数 k_2，根据建筑物坡度、建筑物前水深、波陡和建筑物护面结构型式确定。

反射系数和透射系数的约束条件为：

$$0 \leqslant k_1^2 + k_2^2 \leqslant 1 \tag{4.2-25}$$

(7) 波浪的绕射

Holthuijsen 和 Booij 提出了以缓坡方程为理论基础的相解耦的方法，他们通过对地理空间和谱空间的波浪传播速度的修订，使模型可以考虑波浪绕射的影响。

当不考虑绕射影响时，地理空间和谱空间的传播速度可表示为：

$$C_{x,0} = \frac{\partial\omega}{\partial k}\cos(\theta) \tag{4.2-26}$$

$$C_{y,0} = \frac{\partial\omega}{\partial k}\sin(\theta) \tag{4.2-27}$$

$$C_{\theta,0} = -\frac{1}{k}\frac{\partial\omega}{\partial h}\frac{\partial h}{\partial n} \tag{4.2-28}$$

式中：k 为波数；

n 与波向线垂直。

当考虑绕射的影响时，传播速度可修订为：

$$C_x = C_{x,0}\bar{\delta} \tag{4.2-29}$$

$$C_y = C_{y,0}\bar{\delta} \tag{4.2-30}$$

$$C_\theta = C_{\theta,0}\bar{\delta} - \frac{\partial \bar{\delta}}{\partial x}C_{y,0} + \frac{\partial \bar{\delta}}{\partial y}C_{x,0} \tag{4.2-31}$$

式中：$\bar{\delta} = \sqrt{1+\delta}$，$\delta = \dfrac{\nabla(cc_g \nabla H_s)}{cc_g H_s}$。

4.3 课后思考题

(1) 谈谈波浪数值模拟技术不同发展阶段的特点。

(2) 说说波浪数值模拟的优势和劣势。

(3) 简要说明 SWAN 模型的理论基础。

(4) 波浪数值模拟中需要考虑哪些方面的成长和消减过程？

(5) 简述波浪传播过程中的折射和绕射的差异，并举例说明。

(6) 考虑风对波浪发展的影响，阐述风能输入在波浪数值模拟中扮演的角色。

(7) 阐述动谱能量平衡方程各项所代表的含义。

(8) 说明底摩阻如何对波浪传播产生影响。

(9) 谈谈白浪引起的能量损耗与哪些参量有关？

(10) 简要说明浅水和深水情况下非线性波与波之间的相互作用机制。

(11) 谈谈波浪破碎原因有哪些，地形变化对波浪破碎有何影响？

(12) 说说不同结构物对波浪反射的影响，并明确用什么来表达反射更为合理。

(13) 当考虑波浪绕射影响时，波速怎么进行修正？

(14) 阐述波浪传播过程中能量损耗的原因，并详细说明各类原因的作用机制。

(15) 波浪反射和波浪折射是波浪传播过程中的重要表现形式，简要说明二者的机制。

第5章 潮流泥沙数值模拟

5.1 潮流数值模拟技术

研究水动力的主要途径可分为三种：原型观测、模型试验和数值模拟。其中，数学模型试验是研究近岸水沙环境的重要方法，我国在这方面的研究已取得了一定进展。

数学模型基础理论的发展及应用对于计算载体的计算速度及计算能力的依赖性极强。一方面，计算载体的计算能力的缓慢发展严重制约了数学模型理论及应用的进一步发展；另一方面，计算载体的计算能力的快速乃至超速发展极大地促进了数学模型理论及应用的持续发展。

20世纪70年代以来，随着计算机及计算技术的发展，数学模型被越来越广泛地应用于解决近岸工程实际问题。数值模拟方法已经渐渐成为近岸水动力研究的主要方法，数值模拟方法具有如下众多原型观测和物理模型试验无法比拟的优点。

(1) 数学模型能提供信息的完整性和系统性；不受时、空限制，模型使用的重复率高，极大地节省时间和人力、物力、财力等。

(2) 数学模型因其快速灵活及预测性使得在可行性研究与决策阶段有独特的优势。

(3) 在优化设计中，数学模拟可以很方便地进行多方案优化比选，能为模型试验提供重要的指导作用。

数学模型由于其独特的优势，在海岸及河口工程的规划及决策中被越来越多地运用，但数学模型本身并不是孤立地存在，而是与原型观测及物理模型联系在一起，在许多生产问题中，数值模拟的成功与否还决定于原型观测和模型试验提供的某些参数是否准确。

潮流运动是河口海岸地区最基本的物质运动，因而潮流数值模拟是其他水动力条件模拟的基础，其重要性显而易见。对潮流数值模拟的研究国外始于20世纪60年代，国内稍晚，始于70年代，从大的方面来讲潮流数值模拟控制方程已基本定型，今后理论方面的发展方向是对湍流动力粘滞性的研究、对床面阻力的研究、多因素（如风、浪、温度、含盐度及污染物等）的综合模型研究及对动水边界的研究。

潮流运动实际上是三维运动，但河口海岸地区多属于宽浅型水域，垂向潮流运动属次要运动，因此可将三维潮流运动方程沿垂线积分得到二维潮流模型。内河河道的长度远远大于其宽度和深度，故可以将潮流模型进一步简化为一维潮流模型。

5.1.1 一维潮流数值模拟

5.1.1.1 一维非恒定水流运动控制方程

内河河道及河口中的诸多水流现象及水利工程引起的水动力问题都可以简化为一维潮流数学模型，如河道或河网的水流或洪水激流运动、峡口或潮汐通道的潮波运动、三角洲网河口的潮波顶托、电站日调节的水流泄放、闸门启闭后的水波运动等，这类问题由于计算水域狭窄，沿流向方向上的尺度远大于其他两方向上的尺度，故都可以采用一维数学模型。

早在 1871 年，圣维南(Saint Venant)根据 Boussinesq 提出的缓变流定义而建立的非恒定流方程(即圣维南水力方程组)，至今仍被工程界广泛采用，成为一维非恒定流数值模拟的基础。一维河道潮流数值模拟视研究对象，可分为单支和河网两种情况。在模拟单支明渠一维非恒定流时，通常用的计算格式有：蛙跳格式、Lax 格式、Preissmann 格式及四点时空偏心 Preissmann 格式等。在模拟河网非恒定流时，经常采用的格式有：Preissmann 格式、Cao 格式及罗肇森格式等。潮流河道一维模拟中，下游边界通常用水深或水位控制，而上游边界条件则由流量或流速控制。初始条件通常根据实测资料插值给出初始面处的水位及流量。由于边界的控制和阻力项的调节作用，使初值的误差随计算时段增长而逐步消失。因此，初值数据可用比较简单的办法近似地给出，而采用适当增长计算时段的办法消除初值误差的影响。

通常，一维水流数值模型是以断面平均水力要素为主要对象，将长河段划分为若干区段，研究断面平均水力的沿程变化。通过对水流运动方程在断面上积分得水流连续方程和运动方程等，形成一维水流数值模型的控制方程。

(1) 连续方程

$$\frac{\partial A}{\partial t}+\frac{\partial Q}{\partial x}-q=0 \tag{5.1-1}$$

(2) 运动方程

$$\frac{\partial Q}{\partial t}+2u\frac{\partial Q}{\partial x}+(gA-Bu^2)\frac{\partial Z}{\partial x}-u^2\frac{\partial A}{\partial x}+g\frac{n^2\mid u\mid Q}{R^{\frac{4}{3}}}=0 \tag{5.1-2}$$

式中：t 为时间坐标；

x 为空间坐标；

Q 为流量；

Z 为水位；

u 为断面平均流速；

n 为糙率；

A 为过流断面面积；

B 为主流断面宽度；

B_W 为水面宽度(包括主流断面宽度 B 及仅起调蓄作用的附加宽度)；

R 为水力半径；

q 为旁侧入流流量。

5.1.1.2　定解条件

通常，对上述一维控制方程的求解往往采用三级联合解法进行求解。基本思路可概括为"单一河道—连接节点—单一河道"；即先将单一河道分成若干计算断面，在计算断面上对 Saint-Venant 方程进行有限差分运算，得到单一河道方程——以各断面水位及流量为自变量的差分方程；然后根据节点连接条件辅以边界条件形成封闭的各节点水位方程，求解此方程得到各节点水位，再将各节点水位回代至单一河道方程，最终求得各单一河道各断面水位及流量。其求解的关键是节点处的水位，故称之为"节点水位控制法"。

在一维河网水流计算中，由于描述水流运动的基本方程是非恒定的，所求基本方程的定解不仅要有边界条件，而且还要有初始条件。

(1) 初始条件

所谓的初始调件就是在计算的初始时刻给出各个变量的值。一般形式如下：

$$A\,|_{t0} = A_0(x, y, t_0) \qquad (A\text{ 代表方程中的任意参变量})$$

在计算中，初始条件可用两种方法给出：一种为由已知的实测资料用内插得到整个计算域内初始时刻的各个函数值，由这种方法给出的初始值比较符合实际，并且能够快速地达到稳定状态，但准备工作量较大；另一种是选定某一时刻，将函数初始值近似地认为是常数。水流初始条件的偏差在边界条件的控制下，会很快消失。因此，通常情况下，我们选取后一种方式，即取初始值为常数，这样既简便又能够达到计算的要求。

(2) 边界条件

有三种类型的边界条件。

① 水位边界条件

即在边界河道上给定水位随时间的变化过程：

$$Z = Z(t)$$

② 流量边界条件

即在边界河道上给定流量随时间的变化过程：

$$Q = Q(t)$$

③ 当边界河道上有水工建筑物时，通常给定水位流量关系：

$$Q = Q(Z)$$

5.1.2 二维潮流数值模拟

5.1.2.1 二维非恒定水流运动控制方程

在海岸、河口、湖泊、大型水库等广阔水域地区，水平尺度远大于垂向尺度，水力参数在垂向方向上变化要小于水平方向上的变化，其流态可用沿水深的平均值来表示，故可采用二维潮流数学模拟。

在解决二维潮流数值模拟的过程中，有多种数值解法可供选择。这些数值解法就划分标准的不同，可以大体分类如下：从离散方法上分，有差分法、有限元法和有限体积法；从求解方法上分，有 ADI 法、迭代法、多重网格法以及并行计算技术；从时间积分上分，有显式、隐式、半隐格式；从适应物理域的复杂几何形状上分，有贴体坐标变换及 σ 坐标变换；从干湿动边界的处理上分，有固定网格和动态网格技术；从悬沙输运重力沉降项的处理上分，有源项化和对流化的做法。上述方法在实践中已有尝试，下面简要介绍了几种常用的计算方法，并分析其优缺点。

对于水平尺度远大于垂直尺度的河口地区，当忽略垂直方向的变化时，可以对雷诺时均方程中的各个物理量沿水深积分平均，从而得到平面二维水流、盐度的基本方程组。

(1) 连续方程

$$\frac{\partial h}{\partial t}+\frac{\partial h\bar{u}}{\partial x}+\frac{\partial h\bar{v}}{\partial y}=0 \tag{5.1-3}$$

(2) 运动方程

x 方向：

$$\frac{\partial h\bar{u}}{\partial t}+\frac{\partial h\bar{u}\bar{u}}{\partial x}+\frac{\partial h\bar{u}\bar{v}}{\partial y}= -gh\frac{\partial(h+Z_b)}{\partial x}+\frac{1}{\rho}\left[2\frac{\partial}{\partial x}h\mu\frac{\partial\bar{u}}{\partial x}+\frac{\partial}{\partial y}h\mu\left(\frac{\partial\bar{u}}{\partial y}+\frac{\partial\bar{v}}{\partial x}\right)+\tau_{xzs}-\tau_{xzb}\right]+f\bar{v}h \tag{5.1-4}$$

y 方向：

$$\frac{\partial h\bar{v}}{\partial t}+\frac{\partial h\bar{u}\bar{v}}{\partial x}+\frac{\partial h\bar{v}\bar{v}}{\partial y}= -gh\frac{\partial(h+Z_b)}{\partial y}+\frac{1}{\rho}\left[2\frac{\partial}{\partial y}h\mu\frac{\partial\bar{v}}{\partial y}+\frac{\partial}{\partial x}h\mu\left(\frac{\partial\bar{u}}{\partial y}+\frac{\partial\bar{v}}{\partial x}\right)+\tau_{yzs}-\tau_{yzb}\right]-f\bar{u}h \tag{5.1-5}$$

式中：h 为水深；

t 为时间；

$\bar{u}$、$\bar{v}$ 为 x、y 方向的速度分量；

g 为重力加速度；

Z_b 为水底到基准面的距离；

ρ 为水体密度，随盐度变化而变化；

μ 为水体运动黏性系数；

τ_{xzs}、τ_{xzb} 为水底摩阻；

τ_{yzs}、τ_{yzb} 为水面风摩阻；

$f = 2\omega\sin\phi$，其中 ω 为地转角速度，ϕ 为纬度。

τ_{xzs}、τ_{xzb}、τ_{yzs}、τ_{yzb} 的经验公式一般为：

$$\tau_{xzs} = C_w \frac{\rho_a}{\rho} W_a |W_a| \sin\psi \tag{5.1-6}$$

$$\tau_{yzs} = C_w \frac{\rho_a}{\rho} W_a |W_a| \cos\psi \tag{5.1-7}$$

$$\tau_{xzb} = g \frac{u\sqrt{u^2 + v^2}}{C^2 h} \tag{5.1-8}$$

$$\tau_{yzb} = g \frac{v\sqrt{u^2 + v^2}}{C^2 h} \tag{5.1-9}$$

(3) 盐度输运方程

$$h\left(\frac{\partial S}{\partial t} + u\frac{\partial S}{\partial x} + v\frac{\partial S}{\partial y} - \frac{\partial}{\partial x}D_x\frac{\partial S}{\partial x} - \frac{\partial}{\partial y}D_y\frac{\partial S}{\partial y} - \sigma + \frac{R(S)}{h}\right) = 0 \tag{5.1-10}$$

式中：h 为水深；

S 为盐度；

t 为时间；

u、v 为 x、y 方向的速度分量；

D_x、D_y 为紊动扩散系数；

σ 为浓度源和汇；

$R(S)$ 为降解或蒸发率。

5.1.2.2　定解条件

(1) 初始条件

所谓初始条件是在计算的初始时刻给出的各变量的值，在全水域中：

$$H(x, y, t_0) = H^*(x, y)$$

$$u(x, y, t_0) = v(x, y, t_0) = 0$$

$$S(x, y, t_0) = S^*(x, y)$$

一般计算中，水流的计算主要采用“冷启动”，即开始时刻给定一个各个水流变量的常数初值；而在盐度计算中，如果也采用冷启动，则可能要耗费大量的时间，这主要是由于盐度场需要相对较长的时间才能达到足够稳定。通常，我们在水流计算中采用“冷启动”，而在盐度计算中则给定一个稳定的初始盐度场。

(2) 边界条件

① 闭边界

$$V_n(x,y,t)=0 \qquad (n\text{为陆边界法向})$$

$$V_\tau(x,y,t)=V^*(x,y,t) \qquad (\tau\text{为陆边界切向，此处可以采用滑动边界亦可采用无滑动边界})$$

$$\frac{\partial S}{\partial n}\mid_\Gamma = 0$$

② 开边界

开边界上，一般均采用实测水文资料作为边界条件。而实际上计算时若无实测资料，则可以考虑采用模型嵌套，或也可以依据附近水文资料考虑潮波变形采取权重平均法等方法插值得到，对于后者应选取变化幅度较小并容易确定的变量。

一般的形式有：

水位：$H(x,y,t)=H^*(x,y,t)$

盐度：$S(x,y,t)=S^*(x,y,t)$

5.1.3 三维潮流数值模拟

随着计算机和数值模拟技术的发展，结合工程实际的需要，三维模型的应用也越来越广泛，近年来国内外已有许多学者对河口三维水动力学数学模型进行研究，如 Kim 等[32]应用固定分层方法建立了海湾三维潮流、盐度模型。为了更好地模拟河床地形的变化，Burchard 等[33]将 Philips[34]提出的 σ 坐标变换应用到河口与海岸三维模型中。赵士清[35]采用与 Leendertse 类似的固定分层方法，建立了较简单的数值模式，对长江口南槽和口外海域的三维潮流进行了数值模拟。窦振兴等[36]采用 σ 坐标系和模态分裂法对渤海湾的三维潮流作了数值模拟。宋志尧等[37]基于模态分裂法和 ADI 格式建立了三维潮流的计算模式，并应用于海岸辐射沙洲的潮流场分析。闫菊等[38]运用一个三维正压湍流封闭数值模式，成功模拟了胶州湾 M_2 分潮的潮汐与潮流分布。杨陇慧等[39]应用三维高分辨率非正交曲线网格河口海洋模式，模拟了将长江河口、杭州湾及领近海区作为整体的四个主要分潮。

在一些宽浅的河口海岸区域，水平尺度远远大于垂向尺度，此时关注的是水流盐度的水平运动情况，并不关心垂向变化，或者在特殊的时期，垂向变化并不明显，这时可将水流盐度控制方程沿深度积分再求平均，即可建立二维的数学模型。但是，河口水流运动受盐淡水交汇作用，盐淡水混合不仅存在水平向的盐度扩散，垂向也存在掺混作用，因此，三维数学模型比之二维数学模型更能够很好地模拟水流盐度的平面及垂向分布情况。

虽然二维模型较三维模型计算时间短，参数设置简单，但由于不能反映垂向变化情况，因此，河口海岸地区的三维数值模拟依然是研究河口水动力环境平面、垂向演化规律的重要技术手段。当然，由于三维模拟的复杂性，且三维模型对计算机的计算速度和存储量要求较高，三维模拟在工程应用中比二维模拟依然相对偏少。

5.1.3.1 三维非恒定水流运动控制方程

模型基于三维不可压缩流体雷诺时均的纳维-斯托克斯(Navier-Stokes)方程，在笛卡尔坐标下，依据 Bousinesq 涡黏假定及静水压假设，三维水流运动的基本方程如下。

(1) 连续性方程

$$\frac{\partial u}{\partial x}+\frac{\partial v}{\partial y}+\frac{\partial w}{\partial z}=S \tag{5.1-11}$$

(2) 动量方程

$$\frac{\partial u}{\partial t}+\frac{\partial u^2}{\partial x}+\frac{\partial vu}{\partial y}+\frac{\partial wu}{\partial z}=fv-g\frac{\partial \eta}{\partial x}-\frac{1}{\rho_0}\frac{\partial p_a}{\partial x}-\frac{g}{\rho_0}\int_z^\eta \frac{\partial \rho}{\partial x}\mathrm{d}z-\frac{1}{\rho_0 h}\left(\frac{\partial s_{xx}}{\partial x}+\frac{\partial s_{xy}}{\partial y}\right)+F_u+\frac{\partial}{\partial z}\left(v_t\frac{\partial u}{\partial z}\right)+u_s S \tag{5.1-12}$$

$$\frac{\partial v}{\partial t}+\frac{\partial v^2}{\partial y}+\frac{\partial uv}{\partial x}+\frac{\partial wv}{\partial z}=-fu-g\frac{\partial \eta}{\partial y}-\frac{1}{\rho_0}\frac{\partial p_a}{\partial y}-\frac{g}{\rho_0}\int_z^\eta \frac{\partial \rho}{\partial y}\mathrm{d}z-\frac{1}{\rho_0 h}\left(\frac{\partial s_{yx}}{\partial x}+\frac{\partial s_{yy}}{\partial y}\right)+F_v+\frac{\partial}{\partial z}\left(v_t\frac{\partial v}{\partial z}\right)+v_s S \tag{5.1-13}$$

式中：x、y、z 为笛卡尔坐标系；

t 为时间；

η 为水面相对于模型基准面的高程；

d 为静水深；

$h=\eta+d$ 为全水深；

u、v、w 分别为 x、y、z 方向的流速分量；

g 为重力加速度；

ρ 为海水密度；

ρ_0 为水的密度；

$f=2\Omega\sin\phi$ 为科氏力参数，Ω 为地球的自转角速度，ϕ 为地理纬度；

p_a 为大气压强；

s_{xx}、s_{xy}、s_{yx}、s_{yy} 为辐射应力张量分量；

S 为点源排放量；

u_s、v_s 为点源排水流速在 x、y 方向的速度分量；

v_t 为垂向涡黏系数。

F_u、F_v 为水平剪应力，可按以下公式计算：

$$F_u=\frac{\partial}{\partial x}\left(2A\frac{\partial u}{\partial x}\right)+\frac{\partial}{\partial y}\left[A\left(\frac{\partial u}{\partial y}+\frac{\partial v}{\partial x}\right)\right] \tag{5.1-14}$$

$$F_v=\frac{\partial}{\partial x}\left[A\left(\frac{\partial u}{\partial y}+\frac{\partial v}{\partial x}\right)\right]+\frac{\partial}{\partial y}\left(2A\frac{\partial v}{\partial y}\right) \tag{5.1-15}$$

式中：A 为水平涡黏系数，可按 Smagorinsky 在 1963 年提出的公式计算：

$$A = c_s^2 l^2 \sqrt{2S_{ij}S_{ij}}$$

其中：变形率 S_{ij} 计算公式为：

$$S_{ij} = \frac{1}{2}\left(\frac{\partial u_i}{\partial x_j} + \frac{\partial u_j}{\partial x_i}\right) \qquad (i,j=1,2)$$

其中：c_s 为常数，l 为特征长度，模型中通过输入 c_s 数值来确定 A 值。

为了准确模拟实际海底地形的不规则形态，垂向采用 σ 坐标，坐标变换如下：

$$\sigma = \frac{z - z_b}{h}, x' = x, y' = y$$

其中：$z_b = -d$，σ 的取值范围为 0～1。

工程计算中应用最为广泛的紊流模型为基于涡黏性系数各向同性的标准 k-ε 模型。

（3）k-ε 模型控制方程

$$\frac{\partial \rho k}{\partial t} + \frac{\partial \rho u k}{\partial x} + \frac{\partial \rho v k}{\partial y} + \frac{\partial \rho w k}{\partial z} = \frac{\partial}{\partial x}\left[\rho\left(\frac{\nu_{th}}{\sigma_k} + \nu\right)\frac{\partial k}{\partial x}\right] + \frac{\partial}{\partial y}\left[\rho\left(\frac{\nu_{th}}{\sigma_k} + \nu\right)\frac{\partial k}{\partial y}\right] + \frac{\partial}{\partial z}\left[\rho\left(\frac{\nu_{tv}}{\sigma_k} + \nu\right)\frac{\partial k}{\partial z}\right] + \rho(G - \varepsilon) \tag{5.1-16}$$

$$\frac{\partial \rho \varepsilon}{\partial t} + \frac{\partial \rho u \varepsilon}{\partial x} + \frac{\partial \rho v \varepsilon}{\partial y} + \frac{\partial \rho w \varepsilon}{\partial z} = \frac{\partial}{\partial x}\left[\rho\left(\frac{\nu_{th}}{\sigma_\varepsilon} + \nu\right)\frac{\partial \varepsilon}{\partial x}\right] + \frac{\partial}{\partial y}\left[\rho\left(\frac{\nu_{th}}{\sigma_\varepsilon} + \nu\right)\frac{\partial \varepsilon}{\partial y}\right] + \frac{\partial}{\partial z}\left[\rho\left(\frac{\nu_{tv}}{\sigma_\varepsilon} + \nu\right)\frac{\partial \varepsilon}{\partial z}\right] + \rho\frac{\varepsilon}{k}(c_1 G - c_2 \varepsilon) \tag{5.1-17}$$

$$G = \nu_t\left[2\left(\frac{\partial u}{\partial x}\right)^2 + 2\left(\frac{\partial v}{\partial y}\right)^2 + 2\left(\frac{\partial w}{\partial z}\right)^2 + \left(\frac{\partial v}{\partial x} + \frac{\partial u}{\partial y}\right)^2 + \left(\frac{\partial w}{\partial x} + \frac{\partial u}{\partial z}\right)^2 + \left(\frac{\partial v}{\partial z} + \frac{\partial w}{\partial y}\right)^2\right] \tag{5.1-18}$$

$$\nu_t = c_\mu \frac{k^2}{\varepsilon} \tag{5.1-19}$$

式中：k 为紊动动能；

ε 为紊动动能耗散。

（3）盐度输运方程：

$$\frac{\partial s}{\partial t} + \frac{\partial us}{\partial x} + \frac{\partial vs}{\partial y} + \frac{\partial ws}{\partial z} = F_s + \frac{\partial}{\partial z}\left(D_v \frac{\partial s}{\partial z}\right) + s_s s \tag{5.1-20}$$

式中：s 为盐度；

D_v 为盐度垂向扩散系数，$D_v = \frac{\nu_t}{\sigma_T}$；

s_s 为点源盐度排放；

F_s 为水平盐度扩散项，可以定义为：

$$F_s = \left[\frac{\partial}{\partial x}\left(D_h \frac{\partial}{\partial x}\right) + \frac{\partial}{\partial y}\left(D_h \frac{\partial}{\partial y}\right)\right]s \tag{5.1-21}$$

式中：D_h 为盐度水平扩散系数，$D_h = \dfrac{A}{\sigma_T}$，$\sigma_T$ 为普朗特常数。

5.1.3.2　定解条件

(1) 初始条件

模型的初始条件包括初始计算时刻的水位值和流速值，一般有两种方式给出：一种根据实测资料插值得到整个计算范围的水位和流速场作为模型的初始条件，此种方法得到的初始条件比较准确，模型稳定较快，但是工作量大，且实际情况下并没有那么多实测资料；另一种方法是估算初始时刻的水位和流速值，并给定一估计常数，这种方法得到的初始条件与实际情况存在一定误差，但是该误差在计算过程中会逐步消失。

一般情况下，选择第二种方法。

$$\eta(x,y,t)\big|_{t=0} = \eta_0(x,y)$$

$$u(x,y,t)\big|_{t=0} = u_0(x,y)$$

$$v(x,y,t)\big|_{t=0} = v_0(x,y)$$

$$w(x,y,t)\big|_{t=0} = w_0(x,y)$$

$$s(x,y,z,t)\big|_{\Gamma} = s_0(x,y,z,t)$$

其中：η_0、u_0、v_0、w_0、s_0 分别为 η、u、v、w、s 在初始时刻的已知值。

(2) 边界条件

由于边界条件产生的误差并不能在计算中逐渐消除，将直接影响方程的收敛和模型计算结果的精度，因此，边界条件是影响数学模型精度的一个重要因素。数学模型通常包括三类边界条件，即开(水)边界、闭(陆)边界和动边界。

① 闭边界条件

所谓闭边界条件，即水陆交界条件。水陆交界的法向流速一般采用不考虑渗透作用的流体不可穿越固壁原理，即法向流速为 0，一般形式为 $\boldsymbol{U} \times \boldsymbol{n} = 0$，其中 $\boldsymbol{U}$ 为流速矢量，$\boldsymbol{n}$ 为闭边界的法向矢量。

盐度在闭边界上：$\dfrac{\partial s}{\partial \boldsymbol{n}} = 0$。

② 开边界条件

所谓的开边界条件，即水域边界条件，可以给定水位、流速或流量。实际计算过程中，如果没有实测边界资料，可以利用模型逐层嵌套网格给出，或者根据附近区域的实测水文资料考虑潮波变形采用权重平均法插值得到。

$$\zeta(x,y,z,t)\big|_{\Gamma} = \zeta^*(x,y,z,t)$$

$$\boldsymbol{U}(x,y,z,t)\big|_{\Gamma} = \boldsymbol{U}^*(x,y,z,t)$$

$$\boldsymbol{Q}(x,y,z,t)\big|_{\Gamma} = \boldsymbol{Q}^*(x,y,z,t)$$

$$s(x,y,z,t)\mid_{\Gamma}=s^{*}(x,y,z,t)$$

其中：Γ为水域开边界；ζ^*、$\boldsymbol{U}^*$、$\boldsymbol{Q}^*$、s^* 分别为已知水位、流速、流量、盐度。

③ 动边界处理

由于潮汐作用，水陆交界的位置随涨落潮不断变化，这种类型的边界称为动边界。干湿动边界处理技术采用 Zhao 等、Sleigh 等的研究成果。当网格单元上的水深变浅但尚未处于露滩状态时，相应水动力计算采用特殊处理，即该网格单元上的动量通量置为 0，只考虑质量通量；当网格上的水深变浅至露滩状态时，计算中将忽略该网格单元直至其被重新淹没。

模型计算过程中，每一计算时间步均进行所有网格单元水深的检测，并依照干点、半干湿点和湿点三种类型进行分类，且同时检测每个单元的临边以找出水边线的位置。

满足下面两个条件的网格单元边界被定义为淹没边界：首先单元的一边水深必须小于 h_{dry}，且另一边水深必须大于 h_{flood}；其次水深小于 h_{dry} 的网格单元的静水深加上另一单元表面高程水位必须大于零。

满足下面两个条件的网格单元会被定义为干点：首先单元中的水深必须小于干水深 h_{dry}，另外该单元的三个边界中没有一个是淹没边界。被定义为干点的网格单元不参与计算。

网格单元被定义为半干点的条件：如果网格单元水深介于 h_{dry} 和 h_{wet} 之间或是水深小于 h_{dry} 但有一个边界是淹没边界。此时动量通量被设定为 0，只进行质量通量的计算。

网格单元被定义为湿点的条件：如果网格单元水深大于 h_{wet}，这种情况下，该网格点上同时进行动量通量和质量通量的计算。

当网格单元成为干点并从计算中剔除时，网格单元中的水也会从模拟区域中剔除，但该网格单元上的水深记录会被保留下来供下一次计算时使用。

5.2 泥沙数值模拟技术

泥沙运动问题的早期关注起因于海洋暴风潮和波浪对海岸、滨海地区的破坏及由此引发的洪水问题，其他相关问题还包括：全球海平面变化引起的海岸缓慢侵蚀，海岸土地资源流失及海滨环境丧失；可通航水道因泥沙淤积而断航，港口疏浚与维护，船舶在海图未标明浅滩上搁浅；海底人为垃圾、重金属和辐射等污染物堆积而导致的污染物藏匿，等等[40]。研究海岸泥沙问题需要涉及三大要素：海岸动力因素、泥沙特性（含泥沙来源）和工程环境因素。这三者各自又是多因子集合，其中海岸动力条件中的波浪、潮流和沿岸流都对泥沙产生影响，且泥沙运动机理性理论不完善，这些都给海岸泥沙运动研究带来了很大的困难。目前对海岸泥沙问题主要的研究方法有：理论研究、室内实验、现场观测和数值模拟。

近几十年，伴随着泥沙理论研究的不断深入，计算机及数值计算方法不断完善，泥沙数学模型的研究及应用获得了较快的发展，由于泥沙数学模型自身独特的优势，不存在比尺的限制且投资费用小，模型试验周期短，因此目前在解决海岸、河口工程泥沙方面已成为一种广泛被采用的试验方法。但正如上文所说，泥沙的输移依赖于许多因素，使得泥沙数值模拟比潮流数值模拟要复杂和困难得多。

目前，与潮流数学模型相似，泥沙数学模型也有一维模型、垂向二维模型、平面二维模型和三维模型，其中，平面二维模型应用最广。

一维泥沙数学模型主要被应用到泥沙输运和大尺度地貌演变的研究中，而且经过检验具有相当的精度。二维泥沙数值模型在悬沙和底沙输移以及河床演变研究中得到广泛应用。平面二维泥沙数值模型建立在垂向平均的基础上，能够模拟出区域泥沙场的平面分布，垂向二维则能够反映泥沙剖面的分布，以及泥沙底边界的某些动力过程。由于泥沙问题本身是个三维问题，尤其在河口近岸地区泥沙的三维现象更是十分明显，垂向流速不能简单忽略，因此随着计算速度的提高和计算方法的改进，三维水流泥沙模型也得到了广泛的应用。

5.2.1 一维泥沙数值模拟

5.2.1.1 一维非恒定水流运动控制方程

(1) 悬移质不平衡输沙方程

$$\frac{\partial(AS)}{\partial t}+\frac{\partial(QS)}{\partial x}=-\alpha B\omega(S-S_*) \tag{5.2-1}$$

(2) 推移质不平衡输沙方程

$$\frac{\partial(AN_b)}{\partial t}+\frac{\partial(QN_b)}{\partial x}=-\beta B\omega(N_b-N_{b*}) \tag{5.2-2}$$

式中：Q 为流量；

A 为过流断面面积；

B 为主流断面宽度；

S、S_* 分别为断面平均含沙量及挟沙能力；

N_b、N_{b*} 分别为水深范围内平均推移质输沙率和推移质输沙能力；

ω 为沉速；

α、β 为泥沙恢复饱和系数。

(3) 悬移质引起的河床变形方程

$$\gamma'\frac{\partial A_{ds}}{\partial t}=\alpha B\omega(S-S_*) \tag{5.2-3}$$

(4) 推移质引起的河床变形

$$\gamma'\frac{\partial A_{bs}}{\partial t}=\beta B\omega(N_b-N_{b*}) \tag{5.2-4}$$

式中：γ'为淤积物干容重；

A_{ds} 为悬移质引起冲淤变化面积；

A_{bs} 为推移质引起冲淤变化面积。

5.2.1.2　定解条件

(1) 含沙量边界条件

在边界河道上给定含沙量和级配随时间的变化过程：

$$S = S(t)$$

$$P_i = P_i(t)$$

(2) 给定含沙量和流量关系

$$S = S(Q)$$

(3) 恢复饱和系数

① 悬沙恢复饱和系数

在数模计算中，恢复饱和系数为 0.25～1.0；淤积状态时取 $\alpha = 0.25$；冲刷时取 $\alpha = 1.0$。

② 床沙恢复饱和系数

$$\beta = k\frac{H}{L_s}\frac{u}{\omega_s}$$

其中：L_s 为床面泥沙平均跳跃步长，一般在 0.2～0.3 之间。

5.2.2　二维泥沙数值模拟

5.2.2.1　二维非恒定泥沙运动控制方程

相较河流运动而言，河口海岸区域潮流运动过程中泥沙运动以悬移质运动为主，推移质运动为辅。泥沙运动数学模型建立在水流模型基础之上，除了基本方程、数值方法等理论外，还涉及泥沙理论，主要体现在与泥沙的自身特性以及运动特性有关的参数选择上，这些参数一般通过泥沙理论或实践经验确定。

泥沙运动的沉降、再悬浮、滑移、跃移、滚动等过程导致底床发生冲刷、淤积等，水动力环境下的泥沙运动和底床变化是一复杂的耦合系统。与泥沙输运相关的各个参数设定涉及泥沙在水体中对流扩散及输运过程的问题，主要包括泥沙沉降特性、淤积特性、输沙率及黏性系数和密度等方面。底床变形参数可以控制底床变化过程以及近底层泥沙悬浮、沉降及再悬浮过程。通常包括黏性沙泥沙输运和非黏性沙泥沙输运。

(1) 悬沙输运方程

$$\frac{\partial S}{\partial t} + u\frac{\partial S}{\partial x} + v\frac{\partial S}{\partial y} = \frac{1}{h}\frac{\partial}{\partial x}\left(hD_x\frac{\partial S}{\partial x}\right) + \frac{1}{h}\frac{\partial}{\partial y}\left(hD_y\frac{\partial S}{\partial y}\right) + \frac{F_S}{h} + \phi \qquad (5.2\text{-}5)$$

式中：x、y 为笛卡尔坐标；

t 为时间；

h 为总水深；

S 为悬沙浓度；

u、v 为潮流垂线平均流速在 x、y 方向上的分量；

D_x、D_y分别为 x、y 方向上泥沙扩散系数；

F_s 为泥沙冲淤函数；

ϕ 为源汇项。

根据研究海域悬沙组成和垂线平均含沙量较高的特点，模式用切应力法由床面临界淤积切应力和临界冲刷切应力确定源汇项。

$$F_s = \begin{cases} \omega S(\tau/\tau_d - 1) & (\tau \leqslant \tau_d) \\ 0 & (\tau_d < \tau < \tau_e) \\ M(\tau/\tau_e - 1) & (\tau \geqslant \tau_e) \end{cases}$$

式中：τ_d 为临界淤积切应力（N/m^2）；

τ_e 为临界冲刷切应力（N/m^2）；

M 为冲刷系数（$kg/m^2 \cdot s$）。

（2）海床冲淤方程

由悬沙及底沙输运引起的底床冲淤变化方程为：

$$\gamma_d \frac{\partial \eta_b}{\partial t} + \frac{\partial q_x}{\partial x} + \frac{\partial q_y}{\partial y} - F_s = 0 \tag{5.2-6}$$

式中：γ_d 为床沙干容重；

q_x、q_y 为 x、y 方向推移质输沙率；

η_b 为海床床面的竖向位移（即冲淤变化量）。

5.2.2.2 定解条件

（1）初始条件

含沙量场的初始条件可以采用冷启动处理，任意选取初始状态，但是为了加速收敛，初始值应该尽量接近海域中含沙量的实际浓度：

$$S(x,y,t)\big|_{t=0} = S_0(x,y)$$

（2）边界条件

对于闭边界，法向悬沙通量为零，即 $\frac{\partial s}{\partial \boldsymbol{n}} = 0$。

对于开边界，有两类边界条件。

① 给定悬沙时间过程线

$$S(x,y,t)\big|_{\Gamma} = S^*(x,y,t)$$

其中：Γ 为水域开边界；S^* 为已知含沙量过程。

② 零梯度

$$\frac{\partial s}{\partial \boldsymbol{n}} = 0$$

其中：$\boldsymbol{n}$ 表示法向；其他参量意义同上。

5.2.3 三维泥沙数值模拟

5.2.3.1 三维非恒定泥沙运动控制方程

(1) 悬沙输运方程

$$\frac{\partial s}{\partial t}+\frac{\partial su}{\partial x}+\frac{\partial sv}{\partial y}+\frac{\partial sw}{\partial z}=\frac{\partial}{\partial x}\left[\left(\frac{\nu_{th}}{\sigma_c}+\nu\right)\frac{\partial s}{\partial x}\right]+\frac{\partial}{\partial y}\left[\left(\frac{\nu_{th}}{\sigma_c}+\nu\right)\frac{\partial s}{\partial y}\right]+\frac{\partial}{\partial z}\left[\left(\frac{\nu_{tv}}{\sigma_c}+\nu\right)\frac{\partial s}{\partial z}\right]+\frac{\partial \omega_s s}{\partial z} \tag{5.2-7}$$

式中：s 为水体含沙量；

ω_s 为泥沙颗粒沉速；

$\varepsilon_s=\frac{\nu_t}{\sigma_c}+\nu$ 为泥沙扩散系数；

σ_c 为 Schmidt 数；

ν_t 为动力黏性系数，下标 h 表示水平方向，下标 ν 表示垂直方向。

(2) 底沙输运方程

$$\frac{\partial \delta_b \overline{C_b}}{\partial t}+\frac{\partial q_{bx}}{\partial x}+\frac{\partial q_{by}}{\partial y}=\frac{1}{L_s}(q_{b*}-q_b) \tag{5.2-8}$$

式中：$\overline{C_b}$ 为底沙输沙层的平均泥沙浓度；

δ_b 推移质层厚度；

$q_{bx}=\frac{u}{U}q_b$ 分别为 x、y 方向的底沙输沙率，$U=\sqrt{u^2+v^2}$ 为合成流速，$q_b=\overline{C_b}U_b\delta_b$ 为底沙总输沙率，U_b 为底沙输移层的有效输移速度；

L_s 为底沙不平衡输沙恢复平衡距离。

(3) 悬移质引起的底床变形方程

$$\gamma_0\frac{\partial z_{bs}}{\partial t}=\alpha\omega_s(s_b-\alpha_c s_{b*}) \tag{5.2-9}$$

式中：床面泥沙交换综合系数 α 可表示为：

$$\alpha=P_r\frac{(1-s_b)^m}{1+\left(\frac{\rho_s}{\rho_f}-1\right)s_b}$$

其中：P_r 为泥沙沉降几率，在三维输运方程中综合系数 α 总小于 1；综合考虑沉降通量和冲刷起悬通量后，系数 α_c 可表示为：

$$\alpha_c\begin{cases}1 & (s_b>s_{b*})\\ s_b/s_{b*} & (s_b\leqslant s_{b*}\ \text{和}\ \tau_b\leqslant\tau_{bc})\\ 1 & (s_b\leqslant s_{b*}\ \text{和}\ \tau_b>\tau_{bc})\end{cases}$$

其中：τ_b 为床面水流切应力；τ_{bc} 为泥沙起动切应力；s_b 为近底含沙量；s_{b*} 为近底水流挟沙能力。

(4) 推移质引起的底床变形方程

$$\gamma_0 \frac{\partial z_{bb}}{\partial t} = \beta\omega_b(N_b - N_{b*}) \tag{5.2-10}$$

式中：底沙恢复饱和系数 $\beta = \dfrac{HU}{L_s\omega_b}$；

N_b 为折算成水深范围的推移质输沙浓度；

N_{b*} 为折算成水深范围的推移质输沙率浓度；

ω_b 为推移质泥沙沉速。

(5) 总的底床变形方程

$$z_b = z_{bs} + z_{bb} \tag{5.2-11}$$

式中：z_{bs}、z_{bb} 分别为悬沙及底沙输运引起的床面冲淤厚度；

z_b 为总的床面冲淤厚度。

5.2.3.2　定解条件

(1) 初始条件

一般形式为：

$$A\,|_{t0} = A_0(\xi,\eta,\sigma,t_0) \quad (A\ \text{代表方程中的任意参变量})$$

计算中采用冷启动的方式进行。

(2) 开边界条件

入口一般给定含沙量垂线分布，或者根据垂向平均含沙量通过含沙量垂向分布模式给出各层含沙量值。

出口一般设定 $\dfrac{\partial s}{\partial \xi} = 0$ 或 $\dfrac{\partial s}{\partial \eta} = 0$。

入口一般给定推移质输沙率过程，或者设入口处饱和输沙，令 $q_b = q_{b*}$。

出口一般设定 $\dfrac{\partial q_b}{\partial \xi} = 0$ 或 $\dfrac{\partial q_b}{\partial \eta} = 0$。

5.3　控制方程数值离散[41]

5.3.1　有限差分法

有限差分法出现最早，应用也最为广泛，其理论较为成熟。有限差分法是将微分方程中的各微分项离散成在微小网格上各临近节点的差商形式，从而把微分方程转化为代数形式的差分方程，得到一个以各节点上函数值为未知变量的离散化代数方程式。根据原问题的初始值、边界值条件求出控制方程的数值解。它的误差估计、收敛性和稳定性理论趋于成熟和完善。其优点是离散原理简单、数学推导工作量小、相应程序占用内存小、计算误差易控制。

有限差分法离散求解方程可分为显式法、隐式法、半隐半显式法三类。显式差分格式简单，容易理解，但一般说来收敛性和稳定性较差，结果往往不令人满意。隐式差分克服了显式差分稳定性差、时间步长受到限制、精度低等的缺点。半隐半显式法兼备了显式法和隐式法各自的一些优点，在实际应用中应用较广，其中具有代表性的是 ADI 法。相比于显式法，ADI 法具有计算稳定、精度高等优点，又较隐式法减少了许多计算量，是进行数值模拟比较经济和行之有效的一种方法，但由于使用正方形或矩形网格，ADI 法处理固边界不灵活。

5.3.2 有限单元法

有限单元法是将求解问题连续的计算区域任意划分为有限个互不重叠的微小单元来进行离散，然后按微小单元对解逼近，使微分方程空间积分的加权残差极小化，由此建立有限单元方程组给出数值解。该方法具有网格划分灵活，拟合复杂岸边界和地形容易，网格节点易局部加密等优点，但数学推导烦琐，不易编程，通常需要解庞大的代数方程组，编程困难，占用内存大，耗时，而且在误差计算、收敛性和稳定性等方面的理论研究远不及有限差分法成熟和完善，这些问题都限制了有限元法的广泛应用。根据建立有限元方程的不同方式，有限单元法可分为 Galerkin 法、变分法、最小二乘法、配置法等。国内外学者已提出了不少基于有限元法的数学模型，其主要思想都旨在对隐式有限元繁杂求解加以改进，如吕玉麟等[42]用分裂时间法作数值积分以取代有限元方程组求解所用的多次迭代，谭维炎等[43]引入单元影响系数以便于计算有限元方程中的积分项等。

5.3.3 控制体积法

控制体积法与有限单元法一样是将计算区域划分为一系列单元或控制体，每个控制体内包含一个计算结点，其基本思想是将微分方程在每个控制体上进行积分，从而得到一组离散方程。控制体积法的最大优点是离散方程的解表示了变量(如质量、动量等)在任何数量的控制体积上的总体积分是守恒的，当然在整个计算区域也是守恒的。控制体积法不仅能在精细的网络上获得很好的结果，而且即使在较粗网格的情况下，也可以得到较好的结果。控制体积离散方程为隐式方程，可用 ADI 法、SIMPLER 算法[44]求解。一般使用矩形交错网格[45]，也可以使用不均匀网格[46,47]。

5.3.4 有限节点法

有限节点法最早是 Belytscho 等人在 Nayroles 的工作基础上创立起来的，用于解决弹性问题。该方法与有限元一样，也是利用 Galerkin 法，用试函数代替控制方程中的函数，然后使整个方程余量在某个检验函数空间上的投影为 0，并据此构造出代数方程组。但与有限元法不同的是，模型空间离散是基于一系列的独立节点，而并不要求有连续的单元和网格将他们联系在一起。求解域内某一点的函数值是通过“影响域”内的节点上的相应变量乘上形状函数来表示的。所谓“影响域”是指以此点为中心，以规定长度为半径的圆所组成的区域；而形状函数则是利用移动最小二乘法构造而得。

在数值模拟中，数值计算方法较多，各种计算方法都有其优缺点，存在特定的适用条件，一种计算方法对某一类问题是有效的，而对另一类问题则可能是不可取的。因此，在实践过程中，应深入地了解各种计算方法的适用范围，并结合实际问题进行具体分析，选择最有效的计算方法。

5.4　课后思考题

(1) 简单说明一维、二维、三维数值模拟的差异。

(2) 试说明一维水流泥沙数值模拟的技术路线。

(3) 说说数值模拟技术的局限性和优势。

(4) 谈谈水流数值模拟和波浪数值模拟的差别在哪里？

(5) 阐述二维数值模拟一般在什么情况下能够采用？

(6) 讨论河口海岸区域一维、二维、三维数值模型的适用性，并举例说明。

(7) 简述波浪辐射应力如何得到，并进一步说明波浪辐射应力对于水动力模拟的作用和影响。

(8) 简述悬沙输运数值模拟和推移质输运数值模拟的差异。

(9) 试说明床面冲淤受哪些方面因素影响？

(10) 从控制方程的角度，阐述泥沙起动对泥沙输运的影响。

(11) 结合控制方程，简述三维数值模拟相比于二维数值模拟的优势。

(12) 简述对于开边界和闭边界，一维、二维、三维数值模型所采用的定解条件有何差异？

(13) 谈谈底沙输运方程中，是否需要用到悬沙挟沙力，为什么？

(14) 试说明悬沙输运方程各项的意义及对数值模拟的影响。

(15) 试阐述床面变形与悬沙输运及底沙输运之间的联系和关系，并举例说明三者间的相互影响过程。

第6章　河口海岸物理模型

6.1　相似理论[48]

研究水动力的主要途径可分为三种：原型观测、物理模型试验和数值模型试验。其中，物理模型试验是研究近岸水动力环境的传统方法，我国在这方面的研究已取得了一定进展，其优势如下。

(1) 物理模型能复演三维水流现象，并可研究局部细部问题，可进行各种变更方案的试验，现象直观，易于发现问题和研究解决问题；

(2) 物理模型可以模拟含盐度与盐水入侵等复杂物理过程，在一个模型中可以复演几个不同的物理过程；

(3) 物理模型作为一种研究手段，可以严格控制试验的主要参数不受外界条件和自然条件的限制，因此能在复杂的试验过程中突出主要矛盾，便于把握、发现现象的内在联系。

同时，该方法的缺点也尤为明显。

(1) 物理模型需要按比例建造模型，比较耗费时间、人力、物力和财力；

(2) 在优化设计中进行模型试验时，为了取得最优方案，往往需要多方案比选，须建造多个物理模型，耗费之大尤为显著；

(3) 物理模型获得的数据也并不理想，一是数量有限，二是精度有限；

(4) 物理模型由于测量仪器的限制与测量过程中种种人为因素的干扰以及模型制作的误差等使得小水深量测很困难，至于如何再去精确地量测水深随时间的变化和空间上的差异更是极为困难；

(5) 模型试验无法获得预测信息。

相似理论是物理模型试验设计的关键。模型需要依据相似原理，将试验区域制作成小尺度模型，根据模型的运行结果，推测原型可能发生的现象。

因而，相似原理必须解决两个问题：① 如何设计与原型相似的模型；② 如何将模型试验结果还原到原型中去。只有满足相似理论所规定的相似条件，模型才可认为能演绎原型中的真实情况。

水力学缩尺试验模拟的是动态的物理现象,包含形态及物理变化过程,应当保证其静态及动态的相似关系。水流力学相似包括几何相似、水流运动相似及动力相似。

几何相似是指模型与原型之间静态的几何形态相似,模型的任一对应的线性长度保持一定的比例关系对照原型进行缩放。水平比尺为原型水平尺寸与模型中对应水平尺寸的比值 $\lambda_l = l_p/l_m$,垂直比尺为原型垂直尺寸与对应模型垂直尺寸的比值 $\lambda_h = h_p/h_m$。当垂直比尺与水平比尺相同时称为几何正态模型,反之称为几何变态模型,水平比尺与垂直比尺的比值称为变率 $\xi = \lambda_l/\lambda_h$,其值反映了模型的变形程度。

水流运动相似是在几何相似的基础上,模型与原型粒子之间的运动保持相似,即模型与原型流动中任何对应点的迹线是几何相似的,点流过相应流程所需的时间应具有相同的比例。要求模型的时间比尺、速度比尺、加速度比尺和流量比尺等时刻保持恒定。

时间比尺: $$\lambda_t = \frac{t_p}{t_m} \tag{6.1-1}$$

速度比尺: $$\lambda_u = \frac{u_p}{u_m} = \frac{l_p/t_p}{l_m/t_m} = \frac{\lambda_l}{\lambda_t} \tag{6.1-2}$$

加速度比尺: $$\lambda_a = \frac{a_p}{a_m} = \frac{l_p/t_p^2}{l_m/t_m^2} = \frac{\lambda_1}{\lambda_t^2} \tag{6.1-3}$$

动力相似是指在模型与原型两个流动体系内,作用在流体上相应各处的各种力,如重力、压力、黏性力和弹性力等,它们不仅方向一致并且大小的比值也一致。两个动力相似的流动,作用在流体上相应位置处各力组成的力多边形是几何相似的。动力相似要求在原型与模型两个系统内,所有力的比值都是相同的:

惯性力原型值/惯性力模型值=重力原型值/重力模型值=…=常数

力是流体动力学中最为关键的物理量,任何系统的机械运动都必须服从牛顿第二运动定律:

$$F = ma = m\frac{\mathrm{d}u}{\mathrm{d}t} \tag{6.1-4}$$

原型: $$F_p = m_p\frac{\mathrm{d}u_p}{\mathrm{d}t_p} \tag{6.1-5}$$

模型: $$F_m = m_m\frac{\mathrm{d}u_m}{\mathrm{d}t_m} \tag{6.1-6}$$

代入比尺关系:

$$F_p = \lambda_F F_m, m_p = \lambda_m m_p, u_p = \lambda_u u_p, t_p = \lambda_t t_m, \lambda_m = \lambda_p \lambda_t^3$$

整理得到无量纲数牛顿相似准数 Ne,其物理意义是各作用力与惯性力的比值:

$$\left(\frac{F}{\rho l^2 u^2}\right)_p = \left(\frac{F}{\rho l^2 u^2}\right)_m = Ne \tag{6.1-7}$$

模型与原型相似的充分必要条件为：

（1）相似现象服从同一运动规律，原型与模型可用完全相同的方程式描述；

（2）定解条件保持相似（几何相似、介质物理性质相似、边界条件相似及初始条件相似）；

（3）各个相似准数相等。

6.2 潮流定床物理模型相似条件

潮流定床物理模型应满足几何相似、重力相似和阻力相似条件，相应比尺应按下列公式计算[49]。

平面比尺：
$$\lambda_l = \frac{l_p}{l_m} \tag{6.2-1}$$

垂直比尺：
$$\lambda_h = \frac{h_p}{h_m} \tag{6.2-2}$$

流速比尺：
$$\lambda_v = \lambda_h^{1/2} \tag{6.2-3}$$

糙率比尺：
$$\lambda_h = \frac{\lambda_h^{2/3}}{\lambda_l^{1/2}} \tag{6.2-4}$$

水流时间比尺：
$$\lambda_{t_1} = \frac{\lambda_l}{\lambda_h^{1/2}} \tag{6.2-5}$$

流量比尺：
$$\lambda_Q = \lambda_l \lambda_h^{2/3} \tag{6.2-6}$$

潮量比尺：
$$\lambda_W = \lambda_l^2 \lambda_h \tag{6.2-7}$$

式中：λ_l 为平面比尺；

λ_h 为垂直比尺；

λ_v 为流速比尺；

λ_h 为糙率比尺；

λ_{t_1} 为水流时间比尺；

λ_Q 为流量比尺；

λ_W 为潮量比尺。

通常，模型水流雷诺数应大于 1 000，模型试验浅滩段最小水深应大于 2 cm，模型潮流宜控制在 0.012～0.030 之间。在潮汐模型中，模型试验段周围应有过渡段。在单边界或双边界生潮模型中，试验段两侧均应有过渡段；四周为敞开海域边界时，则四周均应有过渡段。过渡段宽度及长度应保证试验段水流运动相似。模型试验段范围应根据试验目的、要求和现场潮流具体情况确定，其范围应包括工程及其可能影响区域。当试验段有建筑物时，岸滩范围的宽度和长度宜大于 3 倍建筑物的凸出部分长度。海岸与河口潮流模型宜采用变态模型，模型变率可取 3～10。模型平面比尺应根据模型范围、试验目的和要求、试验场地大小和布置确定，模型平面比尺宜在 1000 以内。

6.3　潮流泥沙物理模型相似条件

潮流泥沙物理模型试验中，泥沙运动及输移宜满足下列相似条件[49]。

泥沙起动相似：

$$\lambda_{V_0} = \lambda_V \tag{6.3-1}$$

泥沙扬动相似：

$$\lambda_{V_f} = \lambda_V \tag{6.3-2}$$

泥沙沉降相似：

$$\lambda_\omega = \lambda_V \frac{\lambda_h}{\lambda_l} \tag{6.3-3}$$

泥沙悬浮相似：

$$\lambda_\omega = \lambda_{u_*} \tag{6.3-4}$$

悬沙挟沙能力相似：

$$\lambda_s = \lambda_{s_*} \tag{6.3-5}$$

底沙单宽输沙率相似：

$$\lambda_G = \lambda_{G_*} \tag{6.3-6}$$

悬沙床面变形相似：

$$\lambda_{t_2} = \frac{\lambda_{r_0} \lambda_{t_1}}{\lambda_s} \tag{6.3-7}$$

底沙床面变形相似：

$$\lambda_{t_3} = \frac{\lambda_{t_0} \lambda_l \lambda_h}{\lambda_G} \tag{6.3-8}$$

式中：λ_{V_0} 为泥沙起动流速比尺；

λ_V 为流速比尺；

λ_{V_f} 为泥沙扬动流速比尺；

λ_ω 为泥沙沉速比尺；

λ_l 为平面比尺；

λ_h 为垂直比尺；

λ_{u*} 为摩阻流速比尺；

λ_s 为含沙量比尺；

λ_{s*} 为挟沙力比尺；

λ_{G*} 为底沙输沙力比尺；

λ_G 为底沙输沙率比尺；

λ_{t_2} 为悬沙冲淤时间比尺；

λ_{t_1} 为水流时间比尺；

λ_{r_0} 为泥沙干容重比尺；

λ_{t_3} 为底沙冲淤时间比尺。

悬沙运动相似应满足沉降相似和悬浮相似。变态模型可根据研究问题的性质在沉降相似和悬浮相似中选择主要的相似条件，或在两者之间折中处理。研究分水分沙问题时，泥沙运动相似应满足泥沙起动、扬动、悬浮、挟沙能力和悬沙床面变形相似要求为主，研究沉降性质问题时，泥沙运动相似应满足泥沙起动、扬动、沉降、挟沙能力和悬沙床面变形相似要求为主。

6.4 波浪潮流泥沙物理模型相似条件

波浪潮流泥沙物理模型试验应满足下列相似条件[49]。

(1) 波浪运动相似

波浪折射、波浪陡度、波浪传播速度相似：

$$\lambda_L = \lambda_h = \lambda_H \tag{6.4-1}$$

$$\lambda_{C_W} = \lambda_L^{1/2} = \lambda_h^{1/2} \tag{6.4-2}$$

$$\lambda_T = \lambda_h^{1/2} \tag{6.4-3}$$

$$\lambda_{u_W} = \lambda_h^{1/2} \tag{6.4-4}$$

$$\lambda_{U_T} = \lambda_{C_W} = \lambda_h^{1/2} \tag{6.4-5}$$

波浪绕射、波浪反射相似：

$$\lambda_L = \lambda_h = \lambda_H \tag{6.4-6}$$

(2) 波浪破碎波高与破碎水深相似

$$\lambda_{H_b} = \lambda_{h_b} = \lambda_h \tag{6.4-7}$$

(3) 沿岸流相似

$$\lambda_{u_l} = \lambda_h^{1/2} \tag{6.4-8}$$

(4) 波浪破波类型相似

$$I_r = \frac{\tan(\beta)}{\left(\frac{H_0}{L_0}\right)^{1/2}} \tag{6.4-9}$$

式中：λ_L、λ_h、λ_H 分别为波长、波高和水深比尺；

λ_{C_W} 为波浪传播速度比尺；

λ_T 为波周期比尺；

λ_{u_W} 为水质点运动速度比尺；

λ_{U_T} 为波浪传质速度比尺；

λ_{H_b}、λ_{h_b} 分别为波浪破碎波高和破碎水深比尺；

λ_{u_l} 为沿岸流流速比尺；

I_r 为波浪破波波型判别数，当 $I_r < 0.5$ 时为崩破波波型，当 $0.5 < I_r < 3.3$ 时为卷破

波波型，当 $I_r > 3.3$ 时为激破波波型；

H_0、L_0、$\tan(\beta)$ 分别为深水波高、波长和岸滩坡角。

通常，海岸与河口波浪潮流泥沙模型，在满足模型沙选择的条件下，模型几何比尺的变率不宜过大，宜在 3～6 之间，岸滩坡度较平坦的海域模型可选择较大值。模型垂直比尺应满足模型波高大于 2.0 cm、波周期大于 0.5 s 的要求。

6.5　课后思考题

(1) 试说明物理模型的理论依据是什么？

(2) 阐述物理模型相似理论的核心思想。

(3) 说说相似理论涉及哪些重要的相似条件？

(4) 说明常用的水动力研究方法，物理模型与其他方法相比有哪些方面的优势和劣势？

(5) 试推导潮流模型试验中的相似条件。

(6) 试推导波浪模型试验中的相似条件。

(7) 试推导泥沙模型试验中的相似条件。

(8) 物理模型中的变率一般取值范围是多少，试说明为什么要进行限制？

(9) 试说明泥沙物理模型在模拟悬沙试验时存在的不足，以及为什么会有这些不足？

(10) 试说明物理模型在研究分水分沙问题时需要满足哪些相似条件？

(11) 阐述物理模型研究沉降问题时需要满足哪些相似条件？

(12) 尝试说明物理模型试验对于河口海岸研究的重要性及适宜性。

(13) 物理模型试验的几何相似和运动相似的差异在哪里，为什么？

(14) 试推导泥沙输运二阶偏导数项的相似条件。

(15) 相似理论的优点和缺点有哪些，对于物理模型的搭建有何作用？

第 7 章　河口的盐水入侵

7.1　盐水入侵影响因素

河口盐水入侵问题的研究开始于 20 世纪 30 年代，美国的水道实验站（WES）和荷兰的 Delft 水工试验所做了很多工作。20 世纪 50 年代之后，Pritchard、Bowden 和 Hansen 等人先后对盐水入侵范围、盐淡水混合和水体盐度分布及其对水流、泥沙运动的影响等进行了研究，随着研究工作的相继开展和深入，Hansen、Simmons 和 Bowden 分别从不同的角度对河口盐水入侵的类型进行了分类[50]。

国内对河口盐水入侵作用的研究工作由于历史原因而受到了延误，直至 20 世纪 70 年代末期才进入河口研究的兴旺时期，但是主要的工作仍限于经济相对发达的长江口和珠江口，且对河口现象和盐淡水混合过程的认识主要还是建立在国外研究的基础之上[51]。

河口盐水入侵往往受到自然及人类活动等各个方面因素的影响，但归结起来主要受到三大方面因素的制约，分别为地形、潮汐潮流及上游径流量。

7.1.1　河口区地形的变化

由于河口各入海汊道盐水入侵的形式及强度不尽相同，因此，地形的变化将直接影响整个河口的盐水入侵。较为典型的如长江口北支在人工围滩及浅坝促淤等工程的干预下，北支大堤间的面积及不同水深的河槽面积不断缩小，河床亦不断淤浅，这使得北支的萎缩加快，分流比进一步减少，1958 年之后，北支逐渐由径流控制的河槽转化为潮流控制的河槽，盐水倒灌的情况进一步加剧，直到 80 年代以后，由于河床淤浅导致底床阻力加大，潮水传播速度减慢，会潮点向北支下游推移，盐水入侵才有所减弱，但近年来，北支河势变化剧烈，涌潮加大，盐水倒灌再显加剧的趋势。

7.1.2　潮汐状况的变化

河口是径流与潮流相互消长非常明显的地区，其潮汐状况的变化直接影响河口区盐淡水混合形式。近年来，随着工业发展，特别是石化和生物能源的燃烧，使大气中温室气体浓度明显增加。温室效应的增强，导致海平面亦随之升高。

据报道，近 50 年来，我国沿海海平面平均每年上升 2.5 mm，而长江三角洲地区濒临的东海海面平均每年上升 3.1 mm，其中 2003 年比常年平均海平面高出 6 mm，《中国海平面公报》显示，到 2022 年，沿海海平面比 1980 年平均海平面高出近 1 m。而由于海面的上升，河口区的涨落潮量亦上升，加上江水顶托及海水汇聚作用加强，使高潮位的上升值大于海面上升值，而低潮位的上升值则相对较小，从而导致潮差加大。据潘良宝[52]的计算，如海平面上升 0.4 m，黄浦公园处，高潮位升高 0.5 m，低潮位仅升高 0.29 m，即潮差加大 0.21 m。

如此一来，在径流量不变的情况下，海平面上升导致潮周期内进潮量增加，则长江口盐、淡水混合形式有可能从缓混合形式向强混合形式转变，盐水入侵的距离及强度也将发生较大的变化，从而影响河口现有的工农业生产及居民生活。

7.1.3 上游径流量的变化

河口盐水入侵很大程度上受到上游径流量与河口进潮量比的影响。盐水入侵在不同的径流量和潮差组合下可出现不同的混合形式。典型的如长江口，1962 年 7 月，大通洪峰流量达 68 000 m^3/s，遇上小潮期，此时的盐水入侵为高度分层型；1960 年 2 月 15 日—16 日，大通站流量 7 800 m^3/s，南槽中浚潮差 3.24 m，属于枯水年枯季大潮差组合，整个南槽盐水入侵呈强混合形式。根据多年现场氯度逐时同步遥测资料统计分析，当长江枯季大潮期间(大通流量小于 25 000 m^3/s，青龙港潮差大于 2.5 m)，北支盐水均有可能倒灌南支，特别是当大通流量连续小于 11 000 m^3/s 时，北支高浓度盐水大量进入南支，严重影响南支水源地的水质[6]。

应当指出的是，影响河口盐水入侵的三大因素不仅与自然条件的变迁有关，与人类活动的关系亦密切相关。如人类为发展航运交通，建造大型港口，开挖港池及疏浚航道等活动，引起了涨潮量的增加，以及在与河口相连的河流的上游区域建造大型水利枢纽工程和调水工程等，亦引起了河口径流量及分流比的变化，由于这些变化，河口区的盐、淡水混合状态也将因此产生较大变化。

现阶段，由于我国经济建设的需要，河流流域尤其是大江大河流域往往不断地修筑各类水利工程，而其中不乏大型的有可能对河口盐水入侵产生较大影响的大型水利枢纽工程，如长江干流的三峡工程及南水北调工程。这些水利工程的修建，对河口入海径流量的影响较大，有可能导致河流入海径流的年平均流量及月平均流量的时空分布等水动力特性发生较大变化，而由于这些变化，河口的盐水入侵也可能随之发生巨大变化，盐水入侵的长度、强度等有可能发展到与现阶段截然不同的境地。

以长江为例，研究表明枯水期下泄流量增加有利于削减水体氯化物的峰值，连续取不到合格水的天数有所减少；但枯水年 10 月和 11 月下泄流量减少后，河口段入侵的时间有所提前，历时加大，总的受咸天数有所增加。一方面三峡工程地修建有利于枯水期增加下泄流量，如黄惠明[53]认为，三峡工程建库后，由于其具有调节长江径流量季节性变化的作用，长江下泄径流可增加 1 000～1 300 m^3/s 的枯季流量，使得枯水年、平水年及丰水年的枯季长江下泄径流量分别可达 9 926 m^3/s、11 481 m^3/s、13 981 m^3/s，而随着枯季下泄径流量的增大，枯季期间长江口的盐水入侵势必随之有所减弱。但同时，另一方面南水北调工程的实施则会减少长江下泄的流量，如南水北调东线工程方案计划常年引江水 1 000 m^3/s，年均调水总量 300 亿 m^3 左右，约占长江年径流总量的 3.4%。按该调水方案，在长江丰枯水交替季节及枯水季节，调水量分别占长江多年平均流量的 7.7%和 14%，以 40 年左右枯季月平均流量资料统计，调水将导致枯季长江入海流量不足 9 000 m^3/s 的几率由调水前的平均 15%增加到调水后的 32%，流量不足 13 000 m^3/s 的几率由 59%增加到 71%，相反，大于 15 000 m^3/s 的几率则由 21%下降为 14%[54]。

7.2 河口盐水入侵特征——以长江口为例[51]

多年实测资料表明，长江口径流最大变幅可达 20 倍，年内变幅一般为 7 倍左右，潮差变幅也较大。对北港、南槽和北槽而言，盐、淡水混合基本属于缓混合型，而混合强度的大小依次为南槽、北槽和北港。但洪季和枯季及大、小潮的变化过程中，同一汊道在不同时期可以出现不同的混合型。如南槽在枯季大潮会出现垂直均匀的强混合型现象，而在洪季小潮则会出现高度分层的弱混合型现象。含盐度从外海向上游递减，但洪季和枯季含盐度上朔的距离不同，而北支，由于其分流比远较南支为小，仅 4%左右，同时受其宽浅河槽的影响，潮波变形剧烈，枯季常为盐水所控制，是长江口盐水入侵最为严重的汊道。在特定的枯水大潮组合情况下，北支向南支倒灌大量的盐水，对长江口南支和南港河段的影响较大。北港受外海盐水直接入侵的影响，枯季的含盐度很高，北港是除北支外盐水入侵最为严重的河段。

由此可见，长江口盐水入侵的时间及空间的分布极为复杂，在其三级分汊、四口入海的地形格局、巨大的径流量及外海潮汐、潮流的共同作用下，盐水入侵在时间和空间上表现出了孑然相异的变化特性。

7.2.1 时间分布特性

长江口盐水入侵在时间上的分布主要受到径流量及外海潮汐的影响，其可以按照时间的长短分为潮周日变化、朔望变化、季节变化及年际变化。

(1) 潮周日变化

潮周日变化主要是受潮汐周期性变化的影响，一般而言，盐度(氯度)的变化与潮流具有密切的关系。潮流与潮位的相位差主要取决于潮波的传播性质，最大、最小盐度值以及相位也与潮波性质有关。总的来说，潮周日变化有两个特点：若盐水入侵源以北支倒灌为主，氯度峰、谷值分别出现在落憩、涨憩附近；若盐水入侵源以口外涨潮流为主，则氯度峰、谷值分别出现在涨憩、落憩附近(图 7.2.1-1)。

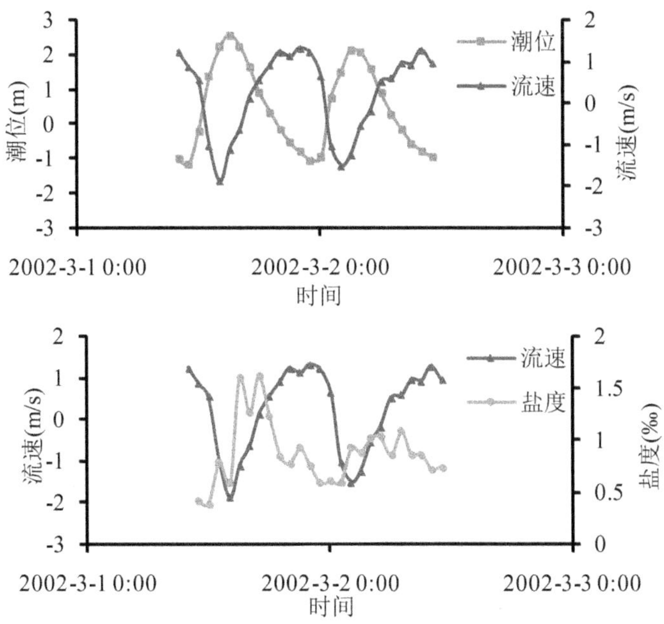

图 7.2.1-1 南港某站潮位、流速、盐度变化曲线

(2) 朔望变化

朔望变化亦称半月变化。长江口潮汐在半月中出现一次大潮和一次小潮,相应地,日平均盐度值也出现一个高值区和一个低值区,他们的关系较为复杂,可概括为三种类型:一种是高盐区出现在大潮期,低盐区出现在小潮期;另一种是大潮期盐度低,小潮期盐度高;第三种是高盐区出现在小潮后的寻常潮期间,低盐区仍出现在大潮期。一般,北支及南、北槽常出现第一种类型,第二种类型常出现在吴淞口以上的南支主槽及新桥水道的中、下河段;南、北港上段位于河口中部,来至上、下游的盐水多在这里汇合,第二、三种类型在该水域都有可能出现(图 7.2.1-2)。

(3) 季节变化

长江口径流有明显的季节变化,长江口的盐度也有相应的季节变化,引水船站月平均盐度与大通站月平均流量呈良好的负相关。一般是二月份盐度最高,为 20.9‰,七月份最低为 8.85‰。6—10 月份为低盐期,12 月份至翌年的 4 月为高盐期。

(4) 年际变化

长江口盐度的年际变化亦与大通流量呈良好的对应关系,丰水年盐度低,枯水年盐度高。若枯季流量为丰水的年份,外海盐水入侵锋只能抵达高桥以下河段,长兴岛西部瑞丰沙、青草沙水域受径流控制,氯度多在 100 ppm① 以下,同时由于上游流量偏丰,进入北支的流量相应增多,限制了北支盐水的倒灌,南支主槽氯度多在 50 ppm 以下。若枯季流量为平水年或枯水年份,外海盐水上溯可达吴淞口、堡镇或以上河段。

---

① ppm:溶质浓度单位,以溶质质量占全部溶液质量的百万分比表示的浓度。

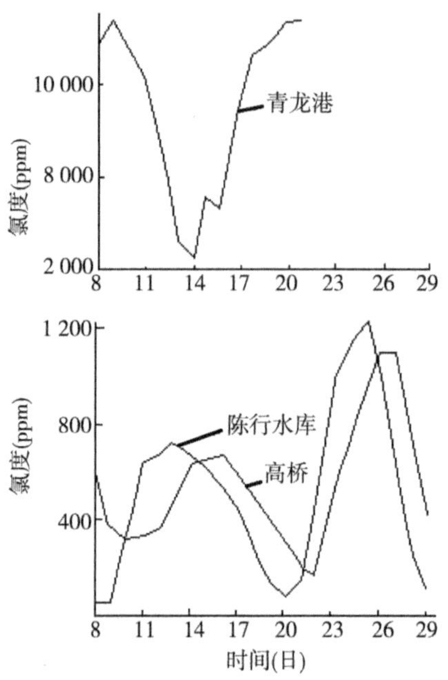

图7.2.1-2 长江口盐度(氯度)半月变化(1996 年 3 月 8 日—29 日)

7.2.2 空间分布特性

长江口三级分汊、四口入海的格局及南北支分流比的变化在一定程度上决定了长江口盐水入侵在空间上的分布特性。

从南支—南港盐度纵向分布情况看,存在 3 条明显的盐度梯度急剧变化的曲线。一条为九段沙头、横沙岛东滩断面,洪季盐水入侵锋一般到达南、北槽上首,此时横沙东滩、南港及以上河段的氯度在 50 ppm 以下;另一条为高桥断面,根据大通站多年流量频率分析,当枯季流量频率为 25%以下时,外海盐水入侵锋上溯至高桥以下河段,高桥以上水域受径流控制;七丫口断面为第三条分界线,来自北支的盐水主体经白茆沙北水道在七丫口上首汇入南支主槽,从白茆沙体漫滩进入南水道的盐水仅占一小部分,加之南水道落潮流程长于涨潮流程,盐水在本河段滞留的时间短,入侵强度弱。七丫口以下河段盐水有来自于北支倒灌的过境咸水团及南、北港咸潮上溯 3 个方面,导致盐水入侵历时加长,强度增加,氯度大于 250 ppm 的天数远多于七丫口以上水域。

从北支盐水倒灌强度的情况来看,其对南支—南岸氯度纵向分布的影响举足轻重。在洪季或流量偏丰的枯季,进入北支的长江径流量较多,会潮点移至北支口内,牵制了北支盐水倒灌,南支—南港河段盐度由下游往上游呈递减规律;另外,北支倒灌出现在大潮期,咸水团扩散下移需要一个过程,咸水团经过杨林、宝钢、吴淞、高桥的时间是在小潮期或小潮期后的寻常潮期间,所以南支在大潮期尚未受到北支咸水团的过境影响,仍会出现从下游往上游盐度递减的现象。

当北支盐水倒灌南支后,南支—南港纵向盐度分布常出现反常现象。据 1996 年 3 月

11日的资料分析,大潮期,南门、堡镇及六滧测站,盐度呈现“高—低—高”的下凹型分布;小潮期,呈现“低—高—低”的上凸型分布(表7.2.2-1)。这主要是由于大潮期进入白茆沙北水道的高盐水随着涨落潮逐步下移,南门、堡镇的盐度值便相应上升,而六滧的盐度值则主要随涨潮流的减弱而降低,从而造成大小潮期间两种截然相反的盐度分布类型。另外,北支盐水倒灌后,南支—南港纵向盐度递减率在大小潮期间差距较大,且峰值出现的时间亦不相同。如1996年3月小潮期间,凌桥至陈行水库的氯度纵向递减率为20 ppm/km,大潮期为70 ppm/km。氯度峰值最高位于崇明西南角的崇头站,达2 682 ppm,其次为宝钢水库取水口、杨林站,吴淞站因受到黄浦江径流影响,氯度相对较低,白茆站的氯度来自白茆沙的漫滩咸水,峰值最小。氯度峰值出现的时间,崇头最早,发生在大潮期,白茆推迟一天,宝钢水库的峰值出现在小潮期,崇头的低氯度出现在小潮期,氯度低于100 ppm。

表7.2.2-1 崇明南岸各测站氯度 单位:ppm

时间	测站			
	2#	南门	堡镇	六滧
1996年3月(大潮)	1 242	400	837	1 338
1996年3月(小潮)	79	488	551	427

注:2#、南门、堡镇、六滧位置从上游向下游变化。[55]

7.3 工程案例分析

7.3.1 长江口盐水入侵数值模拟

一维盐度模型:朱留正[56]在阐明长江口缓混合型盐水入侵的环流的基础上,应用扩散、质量守恒方程对长江口盐度纵向分布和入侵范围进行了计算。

易家豪采用一维河口分汊水流数学模型研究河口纵向各个位置上水流、盐度断面平均值的变化。其中水流模型采用有限元法求解,盐度模型采用差分模型求解。

二维盐度模型:易家豪[57]采用具有伽辽金线性权函数的有限元公式求解,计算中为了节省存储和计算时间,采用了显式有限元格式,并应用光滑技术以提高计算的稳定性。

韩乃斌[58]、李浩麟[59]和赵士清[60]分别用ADI法建立了平面二维的盐度模型。

Wang[61]通过利用一、二维嵌套水流、盐度数学模型,就大通不同下泄径流量背景下长江口区域的盐水入侵情况进行了分析研究,并在此基础上提出了判别长江河口盐水入侵及枯季控制南水北调调水的临界大通流量为13 000 m^3/s,且在长江下游大通至徐六径之间沿江抽引江水流量的基础上,进一步提出了不同水文年枯季南水北调东线工程的调水运作机制。

王义刚[62]、李晓[63]分别从三维非恒定的雷诺方程出发,通过沿横向积分,推导出沿宽度平均的垂向二维流体运动方程及盐度扩散方程,垂向通过σ坐标变换,将不规则计算区域化为矩形区域,使自由表面及河底边界的处理得到了简化。

三维盐度模型:匡翠萍[64]对三个方向进行伸缩变换,并将变换后的方程组转换成守恒形式,对时间导数采用前差,空间导数采用中心差分,水平向采用显式,垂向采用隐式,将差分方程化为三对角方程组,用追赶法求解。该模型成功地模拟了拦门沙地区的水流盐度。

吴毓儒[65]利用 FVCOM 模型建立了长江口深水航道三维水动力、盐度数值模型,对深水航道整治工程不同阶段的水流、盐度运动规律进行模拟研究,并结合实测资料对近底泥沙运动和航槽淤积进行了分析。

徐福敏等人[66]根据已建立的 σ 坐标系下三维非线性水流数学模型,用新测水文资料对模型进行验证。利用所建立的模型,结合现场测量得到一期工程前后九段沙下段近期地形演变,数值模拟了北槽区域流通量、底层欧拉余流和北槽中下段平面水流特征,以综合分析北槽水域水动力变化对九段沙下段地形冲淤变化的影响。

黄惠明[67]在大通至长江口海域的长河段三维数值模型基础上,分析研究了长江河口的盐水入侵在时间上和空间上的变化规律,并从不同潮型不同流量对河口盐水入侵影响、水源地取水时间及河口临界径流量等方面开展了相应研究。

杨同军[68]基于三维水流盐度数学模型,对长江口北槽深水航道治理工程对盐水入侵的影响进行了探讨,认为深水航道工程实施后崇明洲头附近 4‰等盐度线下移,南、北港 1‰～2‰等盐度线包围面积增大,北槽航道内盐度变化较大,南槽水域盐度工程后明显下降。同时,在西北风与北风作用下,外海盐水入侵降低,但是却增强了北支倒灌的强度;东南风与东北风对外海盐水入侵有增强作用,但在一定程度上减弱了北支的倒灌作用。

7.3.2　入海径流对长江口盐水入侵影响

利用长江口实测水文泥沙及地形资料,建立长江口感潮河段至口外海滨的平面二维水流及盐度输运数值模型。

模型范围:涵盖大通至长江口、杭州湾及舟山群岛海域。模型上游边界取在大通水文站,钱塘江上游边界取在浙江省海宁市附近,钱塘江多年平均流量相比长江口较小,加之钱塘江上游边界离研究区域较远,因此模型在计算时将其近似作陆边界处理。模型南边界至浙江象山县,包括象山港水域,北边界取在江苏如东县中部,东侧外海开边界位于123°34′E,从北至南约为 50～60 m 等深线位置,模型区域最大水深位于大榭岛附近,水深近 110 m。模型东西长约 900 km,南北长约 310 km。

网格剖分:长江口地区岸线复杂且沙岛众多,为此,采用无结构网格对模型区域进行剖分,根据地形变化对网格进行细化,地形变化梯度越大,网格分辨率越高。感潮河段大通至长江口区域网格相对较小,至长江口口外海滨网格逐渐增大,并在主要航道及汊道区域进行网格加密,网格分辨率在 3～2000 m 之间。

计算参数:时间步长设置为 1s,糙率经调试后取在 0.01～0.025 之间(按区域划分,且计算中糙率随水深的变化而变化)。上游开边界采用大通水文站实测水位控制,外海水边界由中国海潮波模型提供。上游开边界盐度取为 0,外海边界盐度由南至北按 30‰～35‰线性插值,北边界盐度由西向东按 25‰～35‰线性插值,南边界盐度由西向东按 15‰～30‰线性插值[69]。

模型采用“冷启动”方式进行。通常，对盐度场连续模拟 1 个月以上，可以认为盐度场已经基本达到稳定，其结果已经不受盐度初始条件的影响。为此，模型连续模拟两个月时间，并以后一个月的结果作为分析研究的时间序列。

由长江口盐水入侵数值模拟结果可见，长江口盐水入侵受径流影响减阻，且呈现纵向、横向、滩槽、汊道的显著变化。

从北支倒灌入南支的盐水团的运动情况来看，倒灌盐水团的盐度、扩散的范围及沿南支向下运动的距离等也各有差异。倒灌盐水团的运移路径主要是顺着白茆沙北水道向陈行水库方向扩散。盐水团随着落潮流向下游移动的距离、扩散的范围及所含的盐度值则随着径流量的降低而变大。

从盐度场的纵向分布来看，由于受到北支盐水倒灌的影响，倒灌盐水团进入南支后，会随着落潮水退到南支中部区域，因此，盐度的纵向分布不同于一般河口越向上游盐度越小的情况，而是沿程呈现出不同的分布情况，时而呈现纵向凹状分布，时而呈现凸状分布。

从盐度场的横向分布来看，由于各个入海汊道的分流比各异，径流与潮流的比不同，从而在四个汊道上呈现出不同的盐水上溯情况。其中，由于北支的分流比较小，不论何种水文条件下，盐水入侵的情况均较其他水道严重。而北港的盐度，在同一横断面上则明显高于南港，北槽盐水入侵的情况相较于南槽而言则由于航道整治的影响而稍微有些改善，但相差的并不大。

从滩槽地形差异的角度来看盐度场的分布可知，在涨、落憩前后的时段内，由于深槽的流速大于浅滩的流速，加快了深槽盐度的运动，造成盐度在同一横断面上不均匀分布，从而形成了楔状的等盐度线，且深槽与浅滩地形差异越大，楔状等盐度线越明显。由盐度场分布图可以看出，在落憩前后的时段内，同一断面上深槽的盐度值小于浅滩，等盐度线以楔状伸向下游，且楔状体的轴线方向基本与落潮槽的走向一致，而在涨憩前后的时段内等盐度线的形状则恰恰相反，等盐度线以楔状伸向上游，楔状体的轴线方向基本与涨潮槽的走向基本重合。

随着长江中上游梯级水库工程、大型水利枢纽工程以及下游的南水北调等抽引水工程的次第开展和联合运行，未来长江干流的演化对长江口盐水入侵的影响是不可避免的，尤其是枯季大、中潮期间，北支盐水倒灌及北港、南北槽盐水的上溯均将造成南支盐度的急剧增加，从而影响南支沿岸水库及工厂的取水。

如图 7.3.2-1～图 7.3.2-4 所示，枯水年枯季大潮时期，长江的下泄流量本来就较小，而在南水北调的调水作用下，长江下泄流量进一步降低，这就使得此时南支的盐度超过了 4‰，从而对南支水源地的水质造成了不利的影响；而此时三峡工程的运行对长江口盐水入侵的影响则与南水北调工程恰恰相反，由于三峡放水的作用，长江的入海径流量在此基础上有所增大，但下泄流量的基数仍然无法与洪季相比，因此，此时南支的盐度亦还是超过了 4‰，但盐度值比南水北调情况下要小，从而对水源地的影响也相对较小；南水北调与三峡联合运行情况下，长江的下泄流量介于二者单独运行情况之间，因此，长江口盐水入侵的程度也处于二者单独运行情况之间；而对应大通流量为 25 000 m^3/s 的情况，南支的盐度均未超过 2‰，与三峡、南水北调及二者联合运行相比，盐度值下降了一半多。

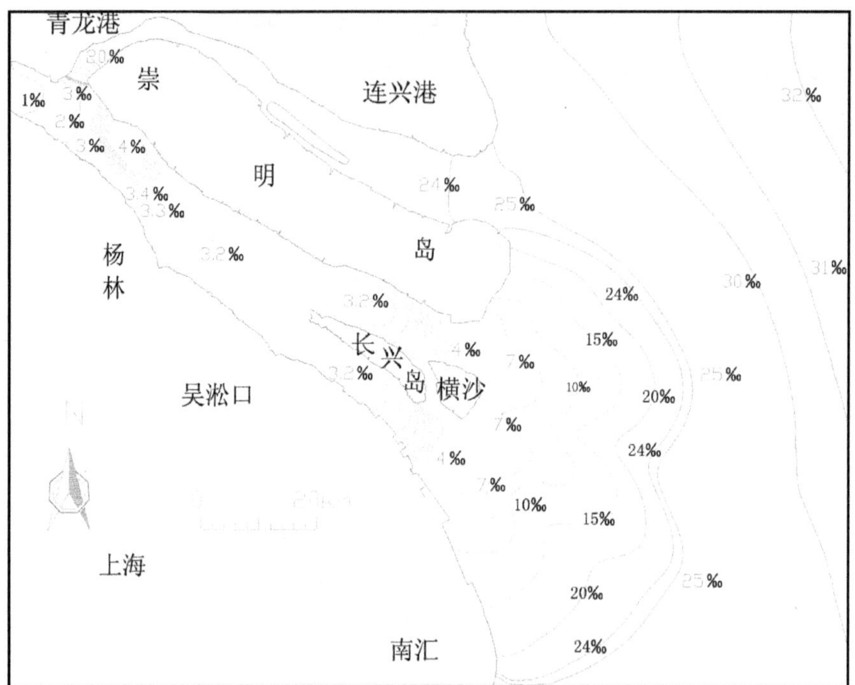

(a) 落憩

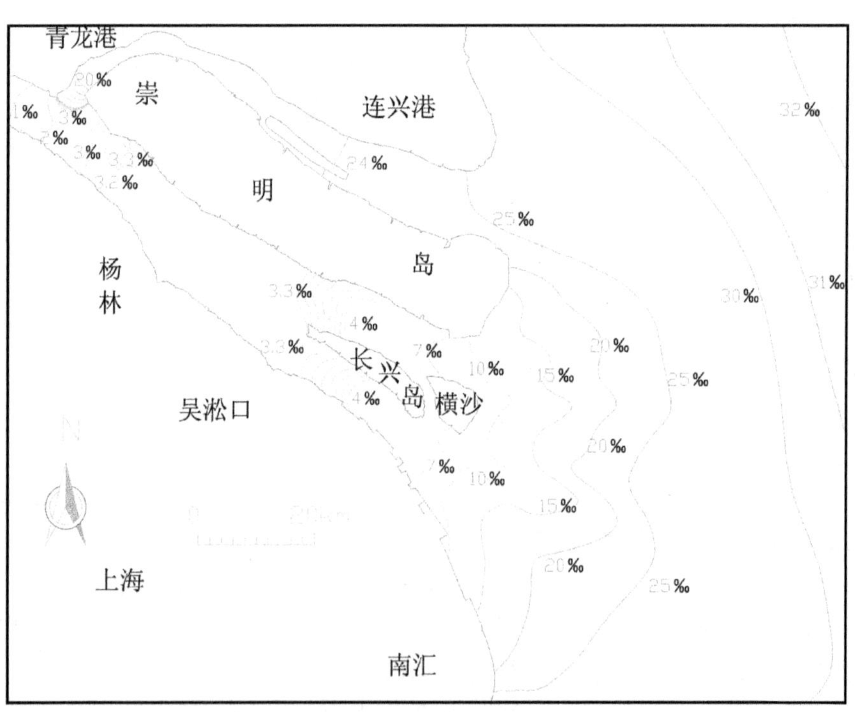

(b) 涨憩

图 7.3.2-1　长江口落/涨憩盐度场(自然径流量)

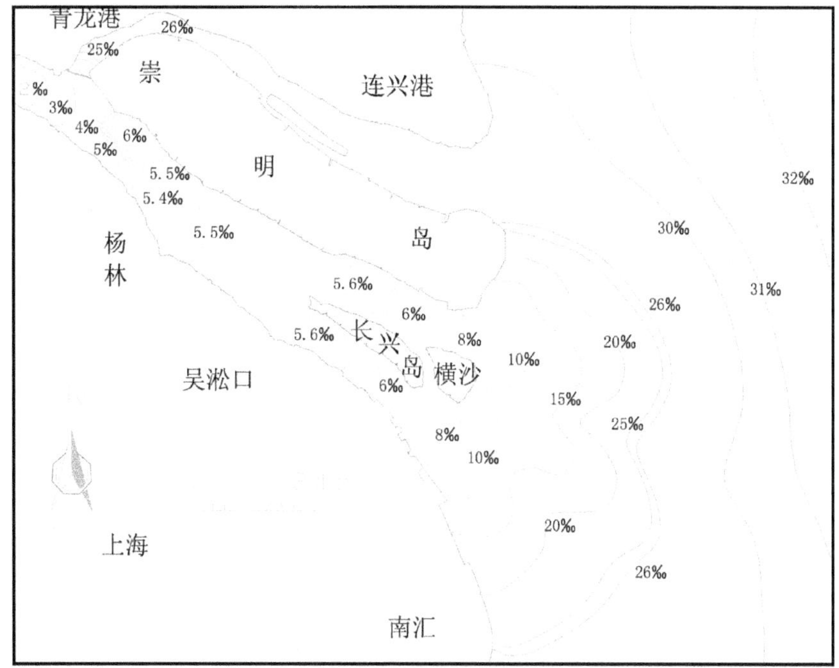

(a) 落憩

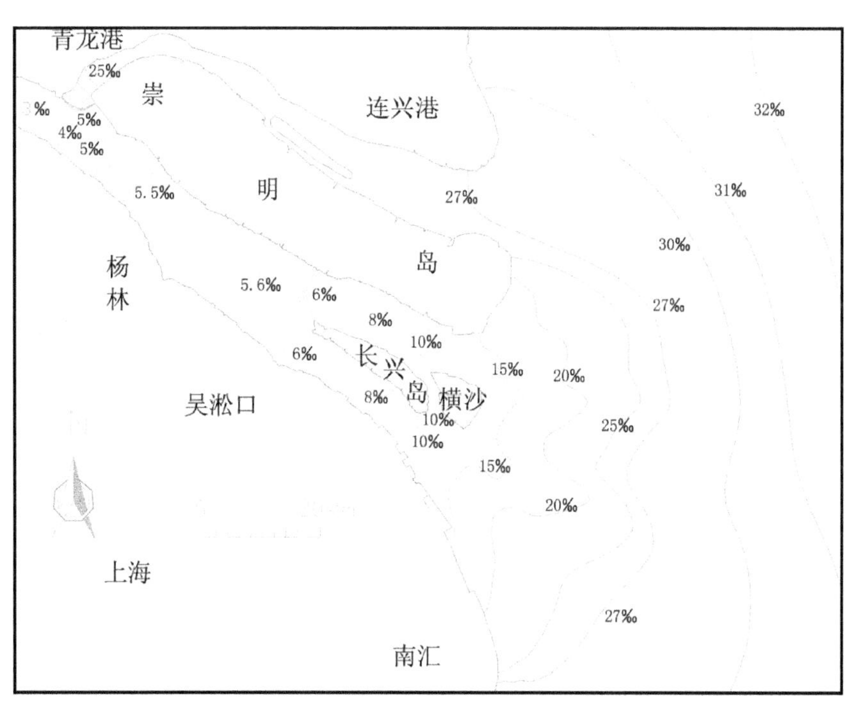

(b) 涨憩

图7.3.2-2　长江口枯季中潮落/涨憩盐度场(南水北调)

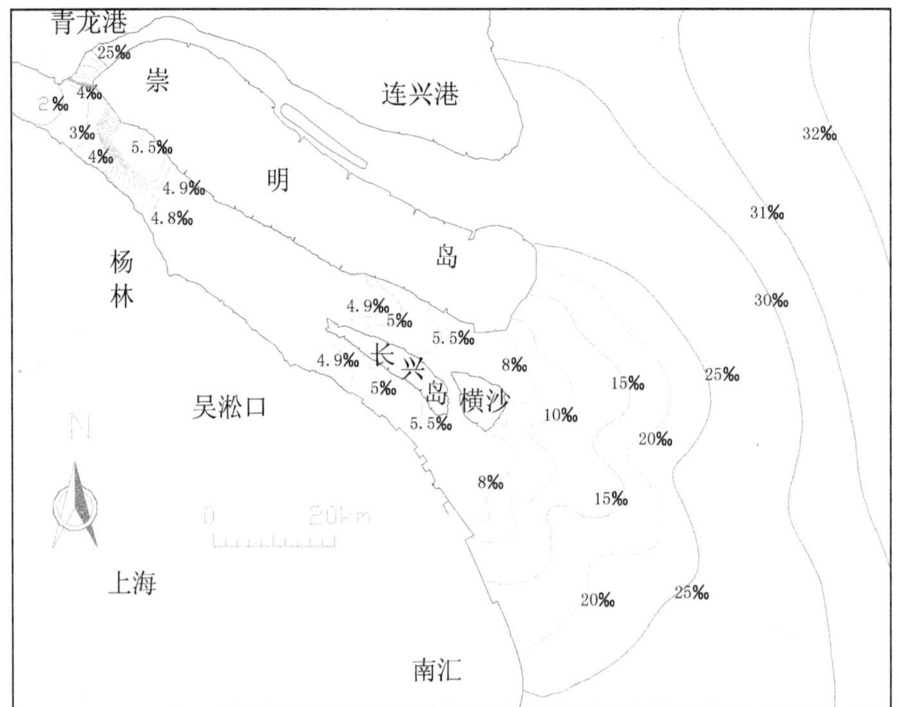

(a) 落憩

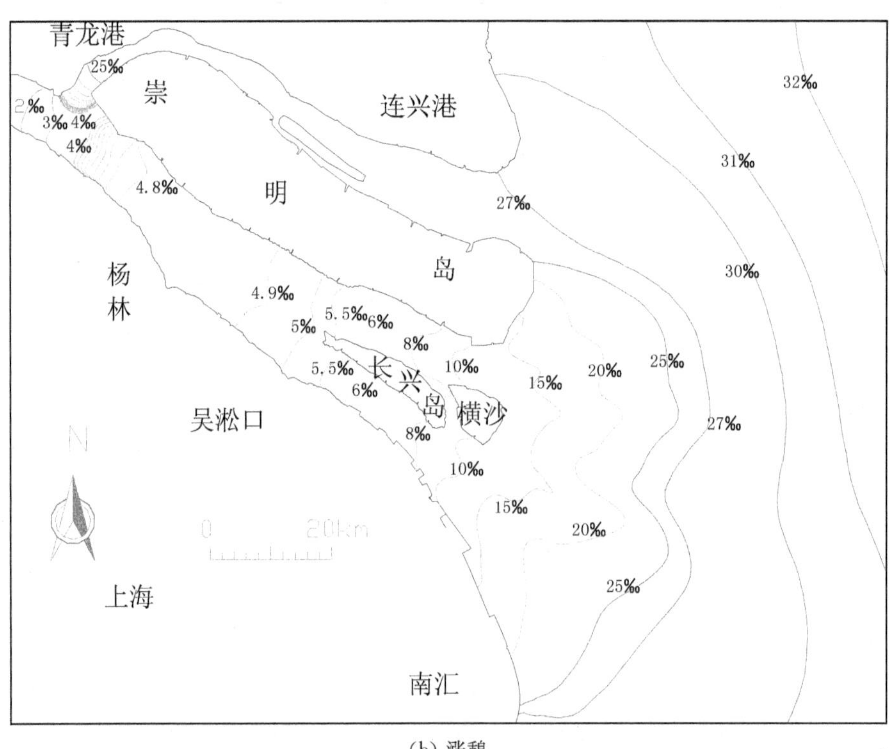

(b) 涨憩

图 7.3.2-3　长江口枯季中潮落/涨憩盐度场(南水北调十三峡)

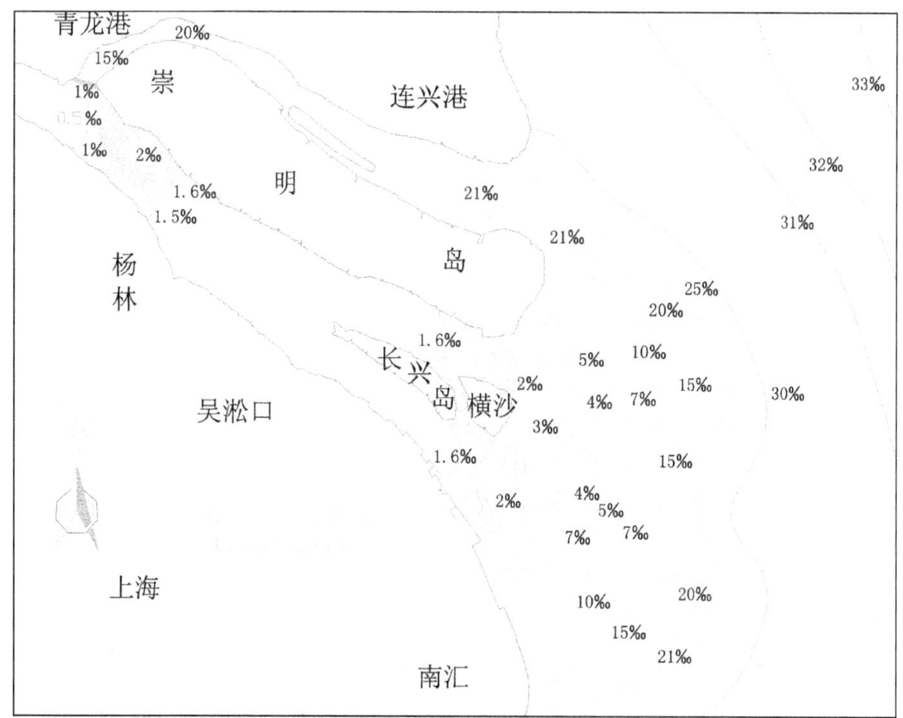

(a) 落憩

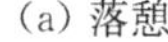

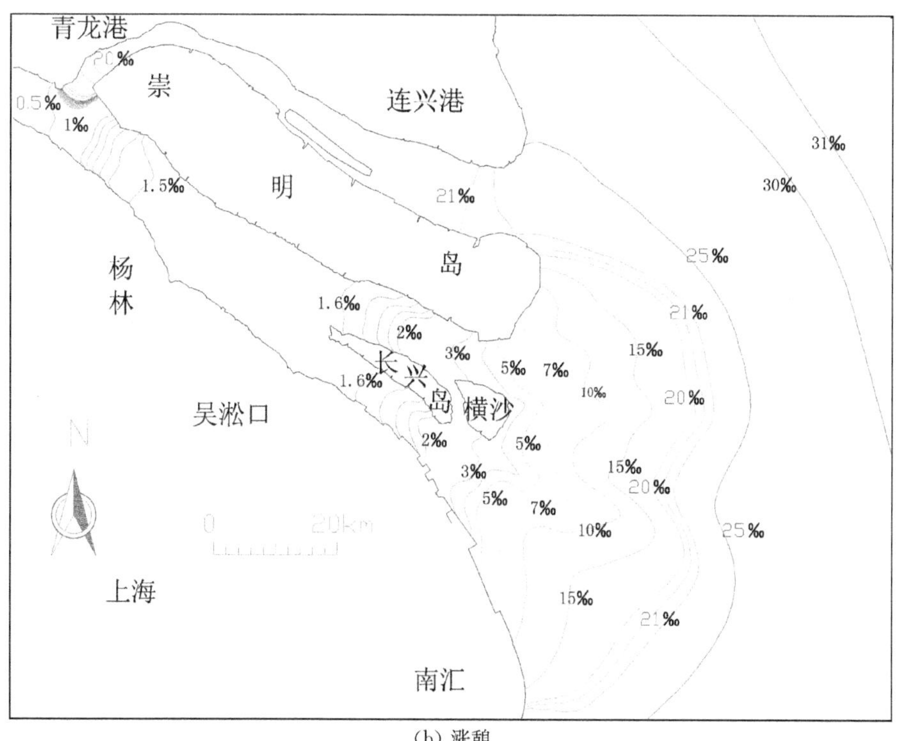

(b) 涨憩

图 7.3.2-4 长江口枯季中潮落/涨憩盐度场(25 000 m^3/s)

可见，随着长江下泄径流量的降低，长江口盐水入侵的强度将逐渐增强。同一水域的盐度值在南水北调运行时最高，三峡及南水北调联合运行时次之，三峡单独运行时相对最低。从工程的运行对长江口的盐水入侵的影响来看，三峡工程的洪枯季调度运行在一定程度上和一定时期内会起到降低长江口的盐水入侵的作用，而南水北调东线工程的运行则在加剧长江口盐水入侵方面的作用最为显著。

7.4 课后思考题

(1) 简单叙述盐水入侵的季节性变化，并举例说明。

(2) 盐水入侵的周期性变化有哪些？请详细论述。

(3) 长江口盐水入侵有哪些基本特征？

(4) 谈谈盐水入侵的影响因素有哪些？

(5) 盐水入侵对河口城市的影响主要体现在哪些方面？

(6) 根据盐水入侵的特点及成因，简述洪枯季径流变化对盐水入侵的影响。

(7) 思考三峡及南水北调如何运行有助于减弱长江口的盐水入侵。

(8) 考虑盐淡水交汇对河口泥沙运动的影响，简述盐水入侵加剧条件下，河口泥沙运动会有哪些变化？

(9) 论述河口盐水入侵受哪些方面因素的影响？以长江口以外的河口为例进行说明。

(10) 比较一维、二维、三维数值模拟方法在盐水入侵研究中的差异及优劣。

(11) 阐述三峡洪枯季调水机制对河口盐水入侵的影响规律。

(12) 思考南水北调抽引水对盐水入侵的影响规律。

(13) 讨论枯季长江干流调水临界流量。

(14) 盐水入侵对河口城市的危害主要表现在哪些方面？

(15) 思考减少河口盐水入侵的措施有哪些？

第 8 章　河口挡潮闸下淤积问题及对策

8.1　挡潮闸下河道淤积研究方法

前人针对河口挡潮闸下游河道淤积情况及冲淤保港措施做了不少的研究[70]。徐和兴等人[71]用盐灌船闸泥沙模型试验对盐灌船闸下至东三岔河道的泥沙淤积规律进行了试验研究。施世宽[72]对东台沿海的挡潮闸淤积成因进行了分析研究，同时提出了一些减淤防淤措施。刘冬林等人[73]对沿海挡潮闸减淤防淤的措施进行了探讨。王宏江[74]以海口为例，对泥质河口闸下冲淤特性及冲淤量的分析预报进行了研究，提出了建闸工程和建闸与双导堤相结合对闸下淤积和冲刷的分析预报方法。张文渊[75]对苏北沿海挡潮闸下淤积的原因进行了分析研究。王亦勤等人[76]对淮河入海水道海口闸减淤的措施进行了探讨。于青松等人[77]对子牙新河河口闸下淤积原因作了分析。俞月阳等人[78]对曹娥江大闸的闸下冲刷进行了水槽实验研究。这些研究成果对于了解潮汐河口挡潮闸闸下淤积的成因机理以及为保证闸下河道的正常运作所要采取的工程措施提供了参考。

8.1.1　半经验半理论方法

闸下河道淤积问题的研究从 20 世纪 50 年代末开始，当时的代表人物为窦国仁、韩其为等。60 年代初，窦国仁[79]通过理论分析对潮汐水流中的悬沙运动规律进行了探讨，推导了一维悬沙运动方程：

$$\frac{\partial(HS)}{\partial t}+\frac{\partial(Q_xS)}{\partial x}=-\alpha\omega(S-S_*) \tag{8.1-1}$$

式中：H 表示水深；

S 表示断面平均含沙量；

Q_x 表示 x 方向流量；

S_x 表示水流的输沙能力；

α 表示沉降几率；

ω 表示沉速。

在此基础上，推求潮汐河口河床冲淤变化。该方程曾经被用来推算某闸下河段不同部位在不同季节的冲淤变化情况。计算冲淤量与实际冲淤量，不仅在定性方面一致，而且在定量方面也接近(见表 8.1.1-1)。

表 8.1.1-1　某闸下河道不同部位在不同季节的冲淤量计算值与实际值比较

河床断面	枯水期(4—7 月) 河床冲淤量(万 t)		汛期(8—11 月) 河床冲淤量(万 t)		备　注
	计算值	实测值	计算值	实测值	
闸	+77.6	+75.0	−34.0	−51.0	“+”为淤积量 “−”为冲刷量
1	+70.3	+75.8	−151.4	−135.6	
2	+41.8	+49.2	−44.7	−37.1	
3	−32.9	−26.0	−58.4	−16.7	
全河段	+156.8	+174.0	−288.5	−240.4	

经验公式也是早期计算河口河床变形的一种方法。首先运用经验公式进行河床变形问题计算的是窦国仁。1964 年，窦国仁根据河床最小活动性的原理，提出均衡关系式：

$$H=\frac{1}{3}k_1\left(\frac{Q_e}{S_e}\right) \tag{8.1-2}$$

$$B=\frac{1}{9}k_2(Q_e^5S_e) \tag{8.1-3}$$

$$A=k_3\frac{\frac{8}{9}Q_e}{\frac{2}{9}S_e} \tag{8.1-4}$$

式中：H 代表中潮位下的平均水深；

A 代表中潮位下的断面面积；

B 代表中潮位的断面宽度；

Q_e 代表平均落潮流量；

S_e 代表平均落潮含沙量；

k_1、k_2、k_3 可用河口实测资料反算求得。

射阳河、甬江、浏河等建闸河口采用此关系式进行了闸下淤积估算，结果基本符合。除此之外，还有经验法[21]：

$$\frac{A}{A'}=1.15\left(\frac{L_R}{L_R'}\right)^{\frac{1}{3}} \tag{8.1-5}$$

式中：A 代表闸下河段平均断面面积；

L_R代表离潮区界点的距离，建闸后潮区界点即在闸下；

符号“′”表示建闸后。

挟沙能力法[21]：

$$H_2=\left(\frac{S_1}{S_2}\right)^{\frac{1}{3}}\left(\frac{q_2}{q_1}\right)^{\frac{2}{3}}H_1 \tag{8.1-6}$$

式中：H_1、H_2 分别为建闸前、后的水深；

S_1、S_2 分别为建闸前、后的含沙量；

q_1、q_2 分别为相应的单宽潮量。

以上两种方法在估算甬江闸下淤积时，结果也较符合。

8.1.2　数值模拟及物理模型研究

随着计算机科学的发展，一维泥沙数学模型得到了充分发展，在实践中积累了丰富的经验，逐渐成熟化，它在长时期、长河段的河床冲淤问题上，已能够得到较好的精度。但对于短时期、短河段以及河流某些局部的冲淤变化，一维模型的精度不太可靠。在这种情况下，一般采用二维或三维数模进行数值模拟计算。

进入 20 世纪 80 年代，二维数模慢慢发展起来。二维模型因克服了一维模型不能计算河流细部变化的缺点而被广泛应用于实际工程中。一些学者在研究闸下淤积过程中，将原一维悬沙冲淤方程进行拓展，提出了二维悬沙不平衡输沙方程，用于计算小型水库下游河道冲淤变化，并取得较好效果。

至于三维数学模型，虽然三维数值模拟计算已有长足的进展，但仍有待于进一步发展以克服泥沙运动与河床变形计算的困难。

同时，一些研究者把感潮河段船闸下引航道的泥沙淤积问题类比为盲肠河道或挖入式港池的泥沙淤积。关于挖入式港池泥沙淤积，国内外早有不少研究。20 世纪 60 年代窦国仁[80]在青山运河 1∶100 模型上研究盲肠河段回淤机理，初步认识到运河淤积原因有三：一是回流，二是灌水淤积，三是浑水异重流。其中浑水异重流淤积为主要的淤积，调整口门方向对于改变口门回流强度从而减小淤积有一定效果。工程河段为潮汐河口段，非恒定流条件下挖入式港池水沙运动机理复杂，与恒定流条件下挖入式港池会有明显不同。荷兰 W. D. Eysink 在研究潮汐河口港池回淤时，将回淤分为三部分：一部分为潮汐引起的潮棱柱体回淤，一部分为口门回流淤积，另一部分为异重流淤积。

此外，也有学者针对闸下淤积的冲淤保港进行了探讨。如韩晓维等人[81]结合某大型泵站出口挡潮闸工程，建立 1∶25 冲淤物理模型，并以冲淤效果和冲淤效率为指标，对闸门不同运行方式的水力冲淤特性进行研究认为，挡潮闸下的口门淤积在 1～2 m 范围内，可通过运行一台泵站机组(20 m^3/s)开启上层闸门进行水力冲淤解决，不同工况的闸下有效冲淤时间均较短，冲沟稳定时间一般在 15 min 以内，闸下水位越低越有利于冲淤，开启一孔闸门运行，水流较为集中，在 10 min 内可将闸下护坦冲开；开启二孔闸门运行，出闸单宽流量降低 50%，在初期可有效冲淤，且效率较高，但不能将护坦全部冲开，冲淤效果不能完全满足。

8.2 河口建闸后闸下河道冲淤特性

闸下引河类型可分为两类：一类是短引河（潮流型）；另一类是长引河（径流型）。一般而言，短引河（潮流型）河口以潮流为主要动力，实践证明这种河口淤积较轻微；长引河（径流型）河口以径流为主要动力，当径流量不足时，极易导致水文泥沙的不平衡，造成严重淤积。挡潮闸距离海口宜控制在 1 km 以内，可较好地解决闸下淤积。

8.2.1 短引河建闸河口

由于短引河建闸位置离河口很近，一般在潮流界下段，因此，闸下引河的纳潮量较建闸前显著减少，潮波反射强烈。涨潮流行至闸前时，流速迅速减至止动流速之下，泥沙快速落淤；落潮时，由于闸下引河短，流量不能在引河内增至起动流速之上，所以在整个涨落潮过程中，闸下引河基本处于淤积状态。

短引河的淤积发展趋势可分为两个阶段。

第一阶段：闸前淤积厚度最大，然后自闸下逐渐递减，其闸下淤积厚度纵剖面呈明显的间断指向河口的三角形形状。该段淤积典型如图 8.2.1-1 所示。

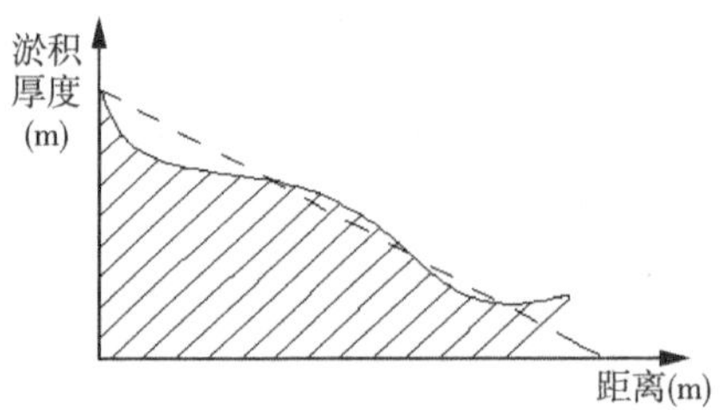

图 8.2.1-1　闸下淤积分布形态(第一阶段)

第二阶段：随着闸下引河内淤积的发展，淤积泥面逐渐上升，淤积厚度自闸下向河口逐渐加大，引河断面继续缩小，以适应新情况下的径流量和潮量。在这一阶段，由于淤积厚度的增加，淤积发展的速度越来越慢。如果建闸后全年闭闸断流，几乎没有径流下泄，会使回淤加重。如不采取措施，闸下泥面高程可淤至高潮位，甚至将闸下引河淤平，闸门不能启动，严重影响泄洪。该段淤积典型如图 8.2.1-2 所示。

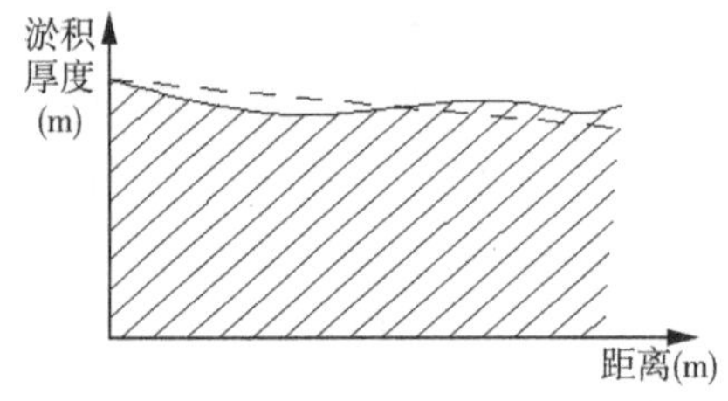

图 8.2.1-1　闸下淤积分布形态(第二阶段)

8.2.2 长引河建闸河口

长引河的建闸位置一般在径流段或者在径流与潮流作用相当的过渡段，引河长度一般大于 10 km，长者可达几十千米。由于建闸以后很少有水量下泄，因此潮流可一直上溯到挡潮闸前。潮流在上溯过程中，其运动性质将发生较大的变化，从而导致在不同的引河段，冲淤变化规律有所不同。根据影响泥沙冲淤变化的基本水动力因子——涨落潮平均流速的沿程变化，可得闸下引河分为三段。

淤积段：指在涨落潮过程中平均流速小于泥沙临界起动流速的河段，潮流速恒小于泥沙止动流速的河段，称为严重淤积段或纯淤积段。

平衡段：把断面平均流速略小于泥沙扬动流速并略大于泥沙的临界起动流速的河段称为冲淤平衡段。

冲刷段：在涨潮过程中断面平均流速恒大于泥沙扬动流速的河段称冲刷段。

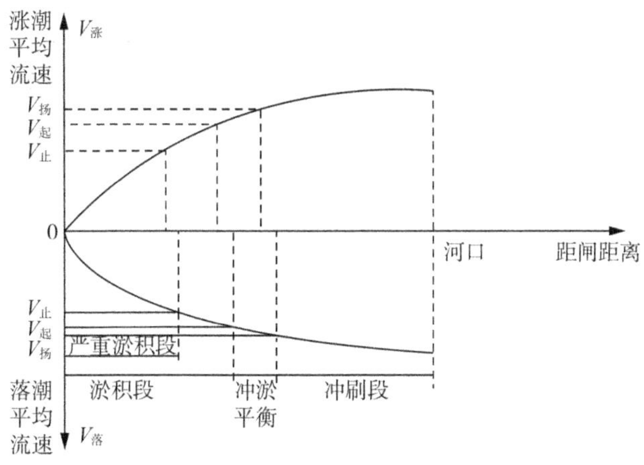

图 8.2.2-1 闸下河道水动力分布特征

长引河的分段冲淤属性描述了淤积沿程变化的内在机制。在淤积发展的全过程中，正是由于这些机制的作用，使得淤积的沿程分布随淤积发展而不断变化。另一方面，由于下泄径流的随机性影响，使淤积的过程分布发生了较大的改变。因此，在不断变化的淤积分布及时空分布的共同作用下，引河的冲淤变化显得更为复杂。从建闸以来的历史全过程看，普遍缺少下泄径流量是发生淤积的主要原因，正是在这个主要原因作用下，不同的引河显示出共同的冲淤变化规律及淤积发展趋势。

第Ⅰ阶段——淤积发展初期：指在建闸后 1～3 年内的一段时期。该时期闸下回淤快，向下游发展也较快，且具有如下特点：① 闸下回淤速率大，建闸初期闸下河段断面，远不能与减少后的纳潮量相适应，故回淤迅速；② 最大淤积区发生在闸前，淤积体向下游递减；③ 淤积段和严重淤积段向下游发展的速度都比较快。

第Ⅱ阶段——淤积发展趋缓期（中期）：建闸 1～3 年以后到淤积段发展至海口这一段时期。这一时期的主要特点是：① 淤积趋于平缓；② 淤积段和严重淤积段下移趋缓。

第Ⅲ阶段——淤积发展平衡期（末期）：指当淤积发展至海口以后，河道淤浅至新的平衡断面状态。其河道断面与新的动力、泥沙条件基本相适应，这一时期的主要特点是：淤积段向外海延伸的速率大大趋缓，而严重淤积段主要发生在河道的入海口门处，其发展趋势是使闸下河道深槽基本淤平，其口门形态与两侧滨岸融合，此时闸下河段的水沙条件与潮汐及径流动力相一致。

具体不同阶段淤积发展如图 8.2.2-2 所示。

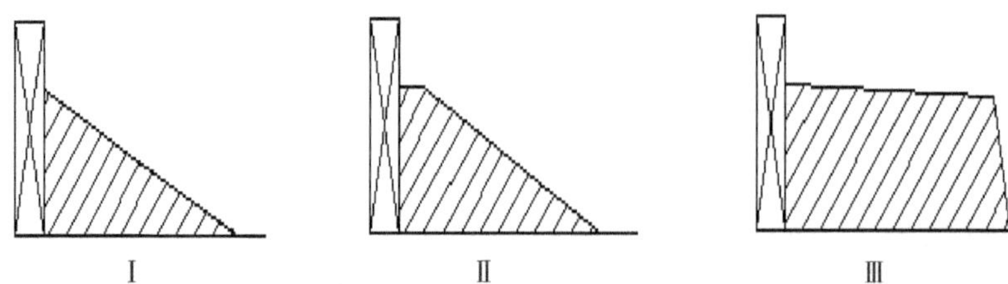

图 8.2.2-2　长引河建闸后不同淤积阶段发展过程

8.3　河口挡潮闸下河道淤积机理

据淤积条件可知，造成闸下淤积的原因主要有如下几个方面。

(1) 建闸后径流量减少

在海相来沙河口，径流是维持河床生命的动力。建闸前，由于上游有水必排，能随时冲淤；建闸后，控制了上游水源，排水量减少，汛期将多余的涝水排放，非汛期则蓄水灌溉，这样难以有足够的水量保证“冲淤量年平衡”。以下是通过分析海相来沙河口一个断面的实测潮流泥沙资料，找出与河床断面面积、泥沙因素、潮波变形因素有关的一个平衡流量式：

$$Q = 0.435 \times A \times V_{os} \times \left(\frac{H_e}{H_f}\right)\left(\frac{T_e}{T_f}\right)^{\frac{3}{2}} \left(\frac{L_i}{L_R}\right)^{\frac{1}{3}} \tag{8.3-1}$$

式中：Q_0 为落潮平衡流量；

V_{os} 为悬沙止动流速；

A 为河段平均的断面面积；

H_e/H_f 为落潮流期平均水深与涨潮流期平均水深比值；

T_e/T_f 为落潮历时与涨潮历时的比值；

L_i 为理论潮波长度，$L = 140\sqrt{H}$，$\overline{H}$ 为平均水深；

L_R 为实际至海口的长度，$L_R \geqslant 2$ km。

这个公式反映了建闸河口闸下河段冲淤变化与过闸泄流量的关系。建闸后，因潮波变形及潮区界位置改变，需要的平衡流量有所增加，在上游下泄流量不变的情况下，需要缩小河床断面面积 A，因而发生淤积。

(2) 建闸后潮流量减少

建闸前,涨落潮流流速过程相对匀称,同时上游河段部分径流加入,落潮流速还略大于涨潮流速;建闸后,由于闸身拦截了一部分上溯到潮区界的潮流量,潮棱柱体相应减小,纳潮容量相对变小,造成落潮平均流量 Q_e(包括上游下泄径流量)也随之相应减小。由河床形态关系式,窦国仁根据河床最小活动性的原理,提出均衡关系式:

$$H = 0.807\left(\frac{K\alpha^2 u_{cb} Q_e}{\beta^2 g u_{cs} S_e}\right)^{\frac{1}{3}} \tag{8.3-2}$$

$$B = 1.33\left(\frac{\beta^2 g u_{cs} S_e Q_e{}^5}{K\alpha^8 g u_{cb}{}^8}\right)^{\frac{1}{9}} \tag{8.3-3}$$

$$A = 1.075\left(\frac{\beta^2 K^2 Q_e{}^8}{g^2 u_{cs}{}^2 S_e{}^2 \alpha^2 u_{cb}{}^2}\right)^{\frac{1}{9}} \tag{8.3-4}$$

式中:H 为中潮位下的平均水深;

u_{cb}为底沙止动流速;

A 为中潮位下的断面面积;

B 为中潮位下的断面宽度;

Q_e为平均落潮流量;

u_{cs}为悬沙止动流速;

S_e为平均落潮含沙量;

K 为水流挟沙系数;

B 为涌潮系数$B = 1 + 0.35\Delta H/H$。

H 为涌潮河段的平均潮差。从式 8.3-2 可以看出,Q_e是决定断面尺度的主要因素。由于 Q_e的减少,必然引起河床断面面积的减少以相适应,因而发生淤积。

(3) 建闸后潮波变形

入海河口建闸后,普遍因为边界条件的改变而发生潮波变形,近闸河段的潮流由推进波变为驻波。涨潮历时缩短,落潮历时延长;涨潮流速大于落潮流速;涨潮平均水深减小,落潮平均水深增大。由于水流的挟沙能力与流速的 2~3 次方成正比,而与平均水深成反比,$S = \frac{KV^2}{gH}$,故潮波变形促使涨潮时携带的泥沙量大于落潮时冲走的泥沙量,造成闸下河道淤积。

(4) 闸上河道断面、来水量、流速的影响

若闸上河道断面小,上游来水量少,流速小,闸下易造成淤积。

(5) 闸下引河断面、河道长度、河道弯曲程度的影响

若闸下引河断面自闸前向下逐渐变窄,这就使得涨潮流流速随引河断面的增加而逐渐变小,使得近闸的淤积严重。而且,如果闸下河道长而弯,开闸时水面坡降及流速小,启动及挟沙能力小,落潮挟带的泥沙量少,很可能使河道发生淤积。

(6) 风向和风浪的影响

风向与挡潮闸下游河道走向一致或夹角较小的时候，风浪会使涨潮流速加快，落潮流速减慢，潮水挟持进港的泥沙就容易沉积。台风高潮时，潮水中的泥沙和大风浪掀起的滩面泥沙，落潮时滞留沉积于河道，形成淤积。

(7) 年内水量分配不均匀

丰水年份，水量丰富，冲淤水量充足，淤积量少；枯水年份，各行各业竞相用水，冲淤保港水源短缺，淤积加剧。

(8) 河口外沙源丰富

淤泥质海岸的泥沙颗粒一般比较细，泥沙起动流速小，外海潮流很容易带动滩面上的大量泥沙进入港道，由于这些泥沙在落潮时无法全部带出而沉积于河道，形成淤积。

(9) 围垦造田，减少滩面归槽水

一般挡潮闸下游港道两岸有很多小的港汊，这些港汊在涨潮过程中能分散一部分涨潮流，在落潮过程中再汇入港道加大落潮流，起到减少港道淤积的作用。围垦之后，这些港汊被截断，从而落潮过程中减少了那部分归槽水。

8.4 闸下河口冲淤保港措施

目前常用的减淤措施大致为以下几种：

(1) 机械减淤；

(2) 径流减淤；

(3) 纳潮冲淤(可与机械清淤同时进行)；

(4) 裁弯取直；

(5) 在河口建双导堤拦截近岸区含沙浓度较高的海水随潮上溯，减少闸下河段淤积。

以上措施从能源观点看，第2、第3种减淤措施较为理想。因为径流减淤与纳潮冲淤都是利用自然力进行冲淤，径流冲淤是拦蓄径流集中冲淤或利用汛期洪水冲淤。

然而，闸下游河道的冲刷水源受上游制约。丰水年，水源丰富，能满足保港需要；枯水年，水源紧缺，则很难通过水力冲淤的途径来解决挡潮闸下的淤积问题。

海水是取之不尽的，利用纳潮冲淤解决闸下的淤积问题，是值得深入研究的课题。但是，纳潮冲淤可能带来盐水入侵及闸上河道淤积问题，这些问题应予以重视。

纳潮冲淤是利用海潮涨到高潮位时，泥沙在海水中絮凝沉降很快的特性，使潮水在表层以下一定水深的水中分离出含沙量很小的清水层，通过闸门控制，涨潮时纳入表层清水，作为落潮时开闸放水的冲淤水源，以加大落潮流速，冲刷闸下的淤积物。纳潮冲淤是缓解河口挡潮闸在水源缺乏的情况下进行减淤的一种有效的方法[82]。

利用纳潮冲淤达到减淤效果的先例也不少。如江苏省梁垛河河口，1978年在梁垛河闸进行过7次冲淤试验，其中大潮4次，一般潮3次，纳潮总历时14 h，纳潮量$541\times10^3 m^3$，放水历时23 h，排水量$630\times10^3 m^3$，结果闸下35 km河道净冲淤泥$11\times10^3 m^3$，在闸下 1 180 m 长的河道内，深泓平均冲深 1.35 m，最深达 1.85 m，过水断面平均增加 562 m^2，达到建闸初期水平。又如 1966 年河北省石碑河河口建挡潮闸后，由于闸下淤积严重，鱼船无法进出港，1969 年将闸门摘除，使潮水在河道内自由涨落，当年即将河口的淤泥冲开。再如河北省沧浪渠也是由于河口建闸，致使河口发生淤积，渔船不能进出港口，于 1972 年也将闸门摘除，闸下淤积物很快被冲刷掉，说明水力冲淤的效果是很明显的。1992 年河北省青静黄闸，进行过水力冲淤试验，水力冲淤与机船拖淤相结合的减淤试验，也取得了较好的减淤效果。

8.5　工程案例分析

8.5.1　王港闸闸下淤积原因分析

王港闸位于江苏省大丰市境内(见图 8.5.1-1)，建成于 1959 年，设计最大流量 1 060 m^3/s，日平均流量为 306 m^3/s，多年平均排水量 $7.5\times10^8 m^3$，是大丰市最大的入海通道，同时在里下河排涝规划中也兼具"为里下河地区排涝 20 m^3/s"的功能。多年来，该闸为保证大丰市乃至里下河地区排涝泄洪和经济快速稳定增长发挥了举足轻重的作用。王港闸建闸初期港道长 1 km 左右，目前已发展至 19 km，直线距离达 8 km(见图 8.5.1-2)，因此其属于长引河型闸下淤积的范畴。

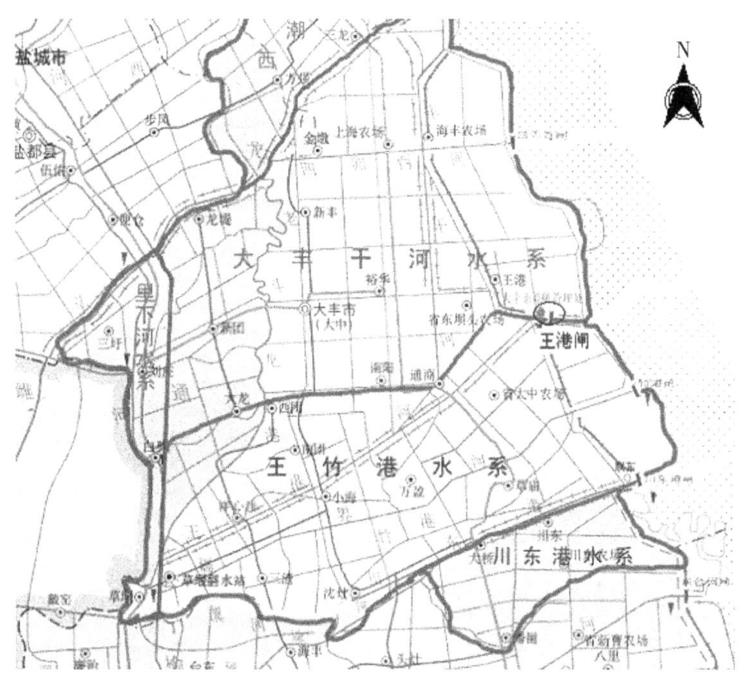

图 8.5.1-1　王港闸位置图

由于闸下河道的不断发展，王港闸冲淤保港难度越来越大，10 多千米长的港道只能依靠上游来水冲淤，一旦上游水位偏低或下游台风高潮顶托，单孔流速低于 0.4 m/s，港道就会迅速淤积。2004 年，由于干旱少雨，全年降水量仅为常年的 60.4%，加之七八月份三次台风高潮的影响，港道淤积 1.5 m 以上，曾两度几近断流。大丰市先后采取了机船拖淤、高压泵冲淤、泥浆泵抽淤、挖泥船挖掘等各种机械措施，投入资金 200 多万元，连续施工近 9 个月，保住了主港槽不淤死断流。但由于上游水位偏低，闸上全年平均水位不足 0.7 m，目前淤积仍十分严重。据最近一次测量资料表明，闸下港道平均底高程仅为 0.5 m，平均底宽仅为 15 m，实际排涝能力不足设计标准的 3%。

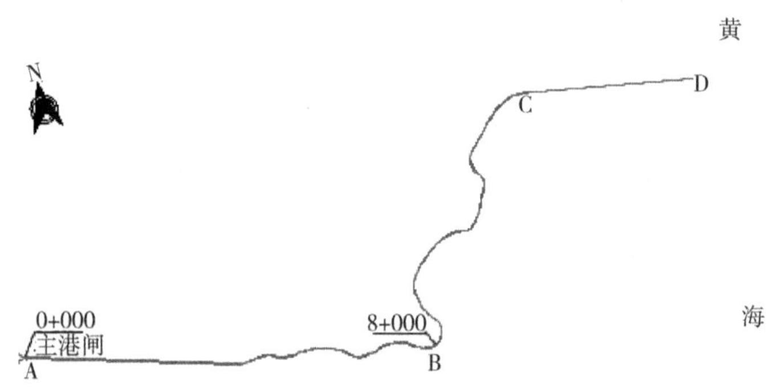

图 8.5.1-2　王港闸下游河道平面图

在王港闸下河道水文泥沙及地形资料基础上，建立闸下河段平面二维潮流运动数值模型。

模型范围：上游为王港闸，下游为距王港闸 19 km 的河口，区域底高程从王港闸至下游 8 km 处已达到＋0.5 m(废黄河基面，下同)，下游 8 km 至河口为－1 m 渐变至－2 m。

网格剖分：采用无结构网格对计算域进行剖分，网格尺度在 1～100 m 之间，网格的尺度根据地形分配。

利用闸下河道平面二维数值模型，开展闸下潮波变形比较分析。河口及闸下典型大、中、小潮潮位过程变化如图 8.5.1-3～图 8.5.1-5 所示。

结合王港闸实测资料及数值模拟结果得出，影响王港闸下游港道淤积的原因主要是上游径流、潮波变形和下游潮水，以及西洋西滩周期性演变、口外沙源、港道形状、台风、围垦等也是影响港道淤积的原因，具体分析如下。

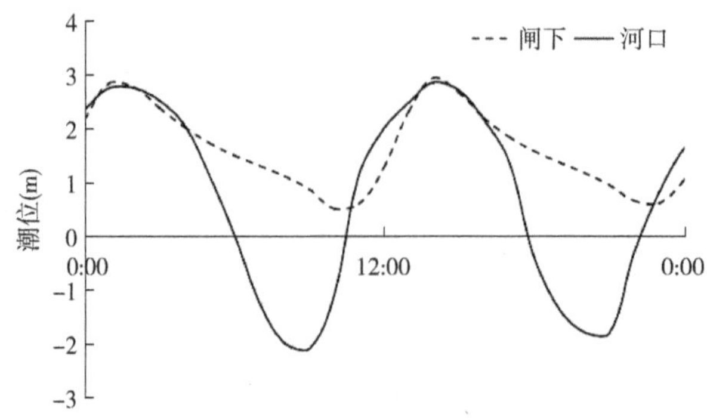

图 8.5.1-3　王港河口及闸下大潮潮位过程变化

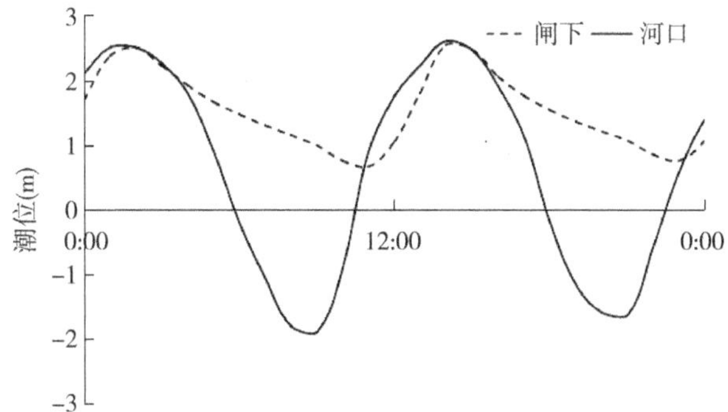

图 8.5.1-4 王港河口及闸下中潮潮位过程变化

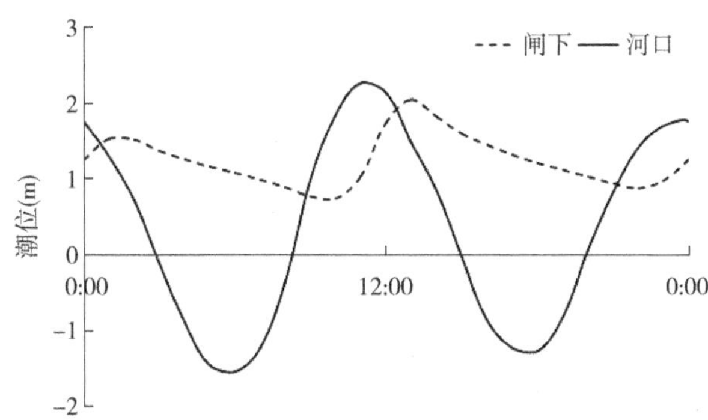

图 8.5.1-5 王港河口及闸下小潮潮位过程变化

(1) 上游径流量减少是造成王港闸闸下港道淤积的主因。经当地有关部门调查总结，王港闸闸下港道的冲刷水源受上游制约。丰水年，水源丰富，能满足保港需要；枯水年，水源紧缺，不利保港。经对川东、竹港、王港三闸的枯水期排水量计算，过闸单宽流量小于 0.4 m^3/s，下游港道就要严重淤积，甚至淤死。

(2) 计算结果表明，当王港闸关闭时，闸下潮波由于边界条件的改变而发生潮波变形。涨潮历时缩短由 6 h 变为 4 h，落潮历时延长由 6 h 变为 8 h。河口至闸下的潮波高水位沿程增高，低水位沿程降低，由于现在闸下底高程较高为＋0.5 m，闸下河道在落潮期间出现露滩现象。

由于水流的挟沙能力与流速的 2～3 次方成正比，而与平均水深成反比，其表达式为：

$$S = \frac{KV^2}{gH} \tag{8.5-1}$$

式中：S 表示水流挟沙能力(kg/m^3)；

V 表示流速(m/s)；

H 表示水深(m)；

g 表示重力加速度(m/s^2)；

K 表示经验系数。

所以，涨潮流速大于落潮流速会促使涨潮时携带的泥沙量大于落潮时冲走的泥沙量，从而造成闸下河道淤积。

(3) 挡潮闸关闭后，闸身拦截了上溯到潮区界的潮流量，潮棱柱体相应减小，纳潮容量相对变小，造成落潮平均流量(包括上游下泄径流量)也随之相应减小，涨潮携带的泥沙在落潮的时候带不出去，造成闸下港道淤积。

(4) 西洋西滩周期性演变对闸下港道淤积也有影响。江苏沿海潮滩以弓京港以北的二分水为界，分别受两个近乎相反潮波系统的影响，二分水以北海域受南黄海西部旋转潮波系统的制约，在东沙与岸滩之间，西洋水道的主流向基本与海岸平行，呈 NNW—SSE 向往复流，弓京港以南海域则受东海前进波的制约，潮流方向 NWW—SEE，冷家沙以南至长江口为 NW—SE 向。大丰沿海位于二分水以北，而二分水以北由于受到北部潮波聚散流的影响，潮水沟和闸下港道都向左侧(北)偏转，越近二分水聚散作用越强，偏转角越大，南部梁垛河闸附近偏转角达 40°(正常垂直于海岸)，北部新洋港附近在 5°以下，所以王港闸下游港道不断有向北偏转的趋势。港道偏转会加长港道长度，增加港道弯度，从而加大闸下港道的淤积。

(5) 根据现有的地形资料，王港闸闸下引河断面自闸前向下逐渐变窄，而且由于闸下水深很浅，底摩阻力比较大，使得涨潮流流速随引河断面面积的增加而逐渐变小，使得近闸的河道淤积严重。而且，在闸下游河道离闸 8 km 处河道弯曲度很大，闸下感潮迟缓，泄流时水面坡降小，流速小，水流挟沙能力低，落潮挟带的泥沙量少，极易产生淤积，加大了淤积速度和保港难度。另外，由于该市沿海海岸属于淤涨型海岸，各挡潮闸闸下港道的淤积趋势会以每年一定的速度向外逐步累积，这样加快了港道淤积速度，同时风浪卷起的滩面泥沙，落潮时滞留港道，亦加大了港道的淤积。

(6) 上游引河断面大小直接影响来水量的多少。上游河道标准小，该闸上游王港河历史上规划为以防洪为主的河道，引水口门底宽仅为 30 m，底高程－1.5 m，加之多年来未实施疏浚，河道淤积严重。

(7) 年内水量分配不均匀，加上台风影响，易造成闸下港道淤积。总结大丰市多年来港道淤死的教训，时间一般发生在 6—9 月份。从气象上讲，一是这个时间段是台风多发期，台风顶托潮水，导致潮位高、退潮时间长，平均每年都有 3～4 天因台风影响而不能开闸冲淤，其间平均每天港道淤积速度在 0.4 m 以上；二是平均气温高，上游河道蒸发量大，往往导致冲淤保港水源不足。从天文上讲，6—9 月份下游潮水位高、潮水启动泥沙能力强，潮水夹带大量泥沙，特别使颗粒较粗的泥沙涨至闸口，淤积速度和数量都高于其他季节。从生产上讲，这个时段也是农业用水高峰期，有时为了确保生产、生活用水而牺牲冲淤保港水源。

(8) 口外沙源丰富，也是造成闸下港道淤积的原因之一。江苏沿海岸外浅滩泥沙含量较高，夏季平均含沙量大于 0.1 kg/m^3，冬季平均高达 0.3 kg/m^3。在辐射沙洲的内缘区，含沙量剧增，王港闸多在 1.0～2.5 kg/m^3 之间。海水中泥沙含量较多，利于潮滩沉积发育，也易引起沿海闸下港道的淤积，影响工程效益。

(9) 围垦造田，滩面水减少。自 20 世纪 70 年代以来，王港闸下游港道两边的滩地先后实施了围垦。由于围垦一般会切断闸下 3～5 km 范围内的港汊，减少了滩面归槽落潮流，同时围垦还加速滩面淤长，对港道冲淤保港产生一定影响。

(10) 王港闸上游近闸河段种植的水草植物会阻碍上游径流下泄以及减小落潮流速，从而减少落潮流带出的泥沙数量，致使闸下淤积严重。

由于自然及人为的原因，导致王港闸闸下淤积严重，但是冲淤保港经费难落实，使发育成熟的弯道不能及时裁直，淤积的港道不能及时清淤拖淤，致使港口的淤积变得日益加重。

2004 年，由于干旱少雨，全年降水量仅为常年的 60.4%，闸上游平均水位不足 0.6 m，加之七、八月份三次台风高潮的顶托，使潮水位高，退潮慢，无法开闸冲淤，加速了港道淤积，此间，曾几度断流，大丰市先后采取了机船拖淤，高压泵冲淤，泥浆泵抽淤，挖泥船挖掘等各种机械施工措施，投入资金 400 多万元，连续施工近一年半，保住了主港槽不淤死断流。但由于上游水位偏低(闸上全年平均水位不足 0.7 m)，淤积仍十分严重，实际排涝能力不足设计标准的 3%。

8.5.2　王港闸保港冲淤盐水入侵模拟分析

根据上述分析可知，纳潮冲淤是河口挡潮闸保港冲淤的重要措施，其具有经济效益高、冲淤保港效果好的特点。但是，开闸纳潮必然带来闸上河道盐水入侵问题以及闸上淤积的问题。

盐水入侵危及淡水资源的充分利用，造成土地盐碱化，影响河口两岸的工农业用水及居民生活用水等。对于土地盐碱化，也许尼罗河三角洲的教训是深刻的，足以醒世。1970 年阿斯旺大坝建成，每年灌溉面积 4 047 万 hm^2，发电 100 亿 kW·h，使国家收入增长 1 倍并实现工业化；但因一年一度的洪水洗盐作用消失，盐水入侵，不仅三角洲地区，而且中上游的土壤盐度增加，为挽救这些土地需十几亿美元的投入。因此，河口盐水入侵问题应得到重视。

在王港闸闸上及闸下河道水文泥沙及地形资料基础上，建立闸上及闸下河段平面二维潮流运动数值模型。

模型范围：上游为王港闸上游 44 km 的王港河与通榆河交界处的调节闸，该区域设计底高程从上游－1.5 m 渐变至王港闸处－2.0 m，底宽从 30 m 渐变至 120 m。下游至王港河口。

网格剖分：采用无结构网格对计算域进行剖分，网格尺度 1～100 m 之间，网格的尺度根据地形分配。

利用闸下及闸下河道平面二维数值模型，开展盐水入侵模拟分析。河口及闸下典型大中小潮过程中闸上河道盐水入侵强度如下图 8.5.2-1 所示。

从图 8.5.2-1 可知，开闸纳潮期间，盐水上溯的速度随着时间的增加而逐渐降低，上溯的距离则随着时间的增加而加大。其中，含盐度 2‰的潮水第一天从王港闸上溯至闸上21 km 处。

此外，含盐度 2‰的潮水上溯至上游节制闸的时间只需 5 天，若纳潮冲淤持续进行的话，势必造成上游整个河道都将被盐水所覆盖。所以，在纳潮冲淤时，王港闸开闸 5 天后需停止纳潮冲淤，此时可考虑开放王港闸上游 44 km 处的调节闸，引入通榆河的淡水，尽量在王港闸开闸放水期间将残留在王港闸上游河道的盐水排入闸下河道，从而达到降低闸上盐度的目的。

纳潮冲淤还会带来闸上河道淤积问题。在王港闸关闭的情况下，外海潮波涨至闸前时，闸下水流流速减至止动流速之下，涨潮带入的泥沙在闸前大量落淤；在开闸纳潮期间，闸下流速迅速增大至起动流速之上，闸下水流将带动闸前新落淤泥沙进入闸上河道，但由于上游径流对上溯潮水有顶托阻滞作用，潮水上溯过程中水流流速逐渐减小，泥沙易落淤，因此，泥沙淤积主要集中在上游近闸河段。而在落潮过程中，上游新落淤的泥沙比较容易被闸上充足的冲刷水源带走，如果在冲刷过程中闸上加入机械搅拌或机械拖淤作为辅助措施的话，冲刷效果将更佳。总的来说，在一个纳潮冲淤的过程中，闸上泥沙淤积并不严重。

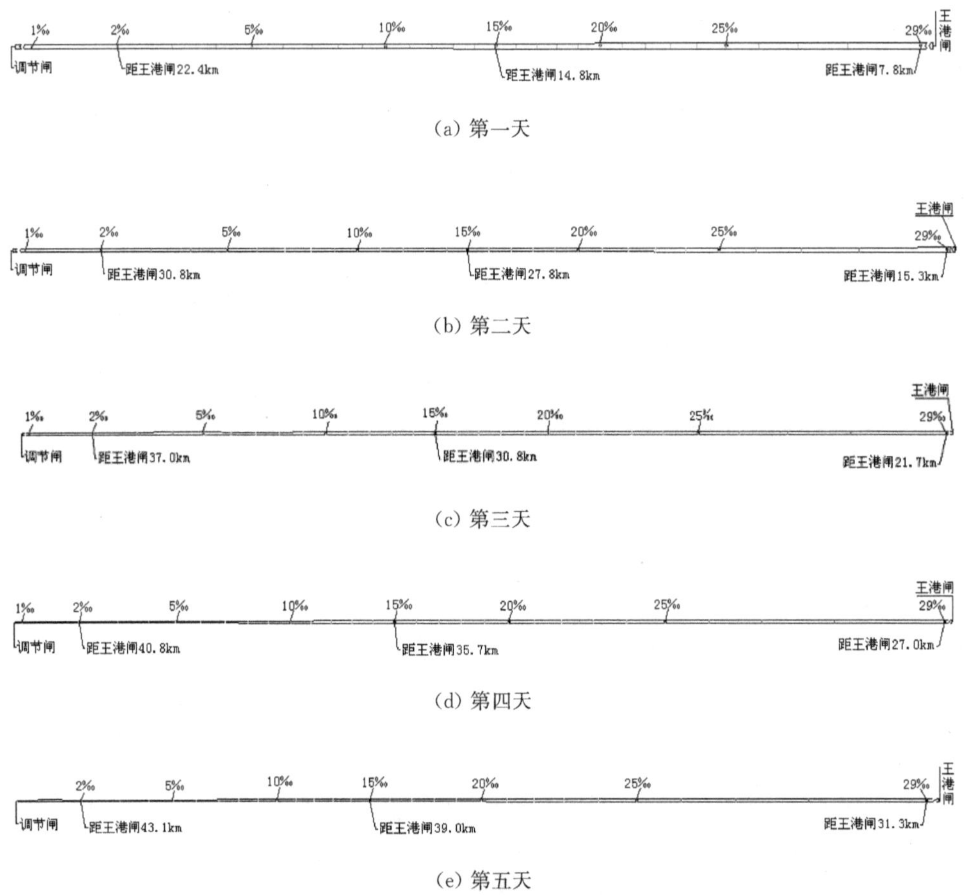

图 8.5.2-1　盐度等值线分布图

8.6　课后思考题

(1) 简要论述挡潮闸下河道淤积研究方法。

(2) 简要说明为什么河口建闸后闸下河道会出现淤积。

(3) 河口挡潮闸下河道淤积特征表现为哪些？

(4) 论述长引河和短引河建闸河口闸下淤积的差别在哪里？

(5) 说明长引河河口是否适合建闸，短引河河口是否适合建闸，二者建闸后淤积分布差异如何？

(6) 为什么河口要建设挡潮闸，意义何在？

(7) 河口挡潮闸下潮动力与未建闸前主要有哪些差别？

(8) 挡潮闸闸下淤积的原因有哪些？

(9) 思考挡潮闸下潮波变形对于泥沙运动的影响。

(10) 挡潮闸下的河道淤积如何进行清理，技术手段有哪些？

(11) 简单论述冲淤保港措施有哪些？

(12) 纳潮冲淤的依据在哪里，怎么样才能达到纳潮冲淤的效果？可举例说明。

(13) 冲淤保港器械主要有哪些，对应冲淤保港的措施有哪些？

(14) 闸下淤积和闸上淤积对挡潮闸的影响有哪些，区别在哪里？

(15) 说明挡潮闸冲淤保港对盐水入侵的影响。

第9章　港口航道工程回淤预测

9.1　航道回淤预测

9.1.1　淤泥质海岸航道

航道是指在水域中，为船舶航行所规定或设置(包括建设)的船舶航行通道。航道划分为不同的等级，并分别规定有最小航道水深、宽度、曲率半径及在水面以上的净空(净高和净跨)尺度。

航道可分为天然航道和人工航道两类。天然航道是指自然形成的水域中的航道。人工航道是指人工开挖的可供船舶航行的通道。人工航道开挖之后，往往航道水域会形成泥沙落淤的情况，使得航槽水深减小，甚至威胁通航安全。因而，航道回淤问题是海岸航道建设需要直接面对和解决的关键问题。

但是，由于实际海岸航道回淤问题非常复杂，至今还没有一个能够普遍适用的纯理论的回淤计算方法。国内外工程界对这个问题的考虑，多偏重于经验，即经验公式法。目前，国内对淤泥质河口、航道的开挖维护已经有了相当丰富的工程实践经验，也得出了不少经验公式，大致可分为以下三类[83]。

(1) 第一类是建立航道回淤强度与浅滩含沙量、浅滩水深、航槽水深等因素间的关系，代表性的回淤强度计算公式有刘家驹公式、罗肇森公式以及曹祖德公式等。

这类方法物理概念清晰，结构简单，在国内得到了广泛的使用。刘家驹公式已在国内许多海岸工程的回淤预测中，获得成功应用，并于1990年经"全国水运工程标准技术委员会"(现名"中国工程建设标准化协会水运专业委员会")审定，纳入中华人民共和国行业标准(JTJZ13-98)《海港水文规范》。

(2) 第二类是建立水流动力条件与床面切应力间的关系式，通过积分得到航道的淤积强度，如虞-金公式等。

这类公式形式上较复杂，且含有较多的待定系数，有的须通过实验来确定，有的则至今还没有较好的确定方法，系数确定的弹性相当大，因此在实际中很少应用。但这类关系式设法应用在实验室中解决一些实际问题，这种探讨和尝试很有意义，也是研究近海航槽回淤问题的一个途径。

(3) 第三类主要是参照明渠稳定均匀流中不平衡输沙原理得到的，如窦国仁公式、徐啸公式等。

这类公式假设航槽始端符合平衡输沙条件，水流进入航槽后，水深加大，水流条件变化，导致泥沙沉降落淤，沿程含沙浓度变化。通过一些方法确定含沙量变化规律，即可得知回淤情况。但是这就需要确定水流进入航道前后含沙量的变化情况，这也正是目前悬沙运动研究的薄弱环节之一。

总而言之，上述各家公式都是在理论基础上的经验总结，公式推导过程中许多假设尚待更多资料来验证。这些公式从不同角度，用不同方法对泥沙淤积进行了探索。由于悬沙沉积与颗粒性质特性、水体含沙量、水域水深、水体流速等因素密切相关，加上潮汐、波浪的作用，泥沙淤积量的预报计算值与实际泥沙淤积量的淤积值尚有一定偏差。

目前，第一类公式由于计算方便，使用相对较多，其中以刘家驹公式应用相对较为广泛，具体公式如下[21,84,85]。

从输沙平衡方程出发，借助水流连续方程提出了如下的计算港池及泊位的淤积公式：

$$P = \frac{\omega S_1 t}{\gamma_c}\left\{K_1\left[1-\left(\frac{d_1}{d_2}\right)^3\right]\sin\theta + K_2\left[1-\frac{d_1}{2d_2}\left(1+\frac{d_1}{d_2}\right)\right]\cos\theta\right\} \tag{9.1-1}$$

式中：γ_c 为淤积体的干容重；

ω 为黏性淤泥质泥沙的絮凝沉速，一般取 0.000 4 ～ 0.000 5 m/s；

d_1 和 d_2 分别代表浅滩和航道开挖水深；

θ 为水流与航道轴线所交之锐角；

V_1 和 V_2 分别代表浅滩潮流平均流速和波动水体的平均振动速度 ($V_2 = 0.2CH/d_1$)；

d_1 为水深；

H 为波高；

c 为波速；

K_1 和 K_2 为航道横流和顺流淤积系数，分别为 0.35 和 0.13。

S_1 对应与航道附近浅水海域平均水深为 d_1 的平均含沙量，在缺少现场实测含沙量资料的情况下，由以下挟沙力公式确定：

$$S_1 = 0.0273\gamma_s \frac{(|V_1|+|V_2|)}{gd_1} \tag{9.1-2}$$

式中：γ_s 为泥沙颗粒容重；

其他参量意义同上。

对于开敞式港池，当港池的长宽比 $L/B > 10$，且浅滩与港池水深比 $d_1/d_2 > 0.6$，此时港池可以作顺流航道考虑，$\theta = 0$，其回淤强度可按下式计算：

$$P_B = \frac{K_2 S_1 \omega t}{\gamma_c}\left[1-\frac{V_2}{2V_1}\left(1+\frac{d_1}{d_2}\right)\right] \tag{9.1-3}$$

刘家驹公式水流流向基本上垂直于航槽轴线，考虑了潮流、风吹流、波浪综合掀沙、潮流输沙等情况。

9.1.2 非淤泥质海岸航道

前述式 9.1-1～式 9.1-3 关于航道及港池的回淤计算方法是以淤泥质海岸和悬沙落淤为前提的。因此,原则上可以认为,凡是属于悬沙落淤,不论是淤泥质泥沙还是非淤泥质泥沙(如粉砂及其他较粗的泥沙),该计算方法在结构形式上应该是合理的。

实践表明,海岸泥沙的输移形态(不论是淤泥质还是非淤泥质海岸)往往以悬移质为主,推移质比例很小(对于讨论泥沙问题时,也有这样的结论),这就给式 9.1-1～式 9.1-3 等拓宽于非淤泥质海岸提供了前提。

根据刘家驹的经验,他认为将式 9.1-1～式 9.1-3 等用于非淤泥质海岸时,公式的基本结构形式和系数 K_1、K_2、K_0 均可不变,但有关泥沙的两个参数 ω 和 S 需做如下修正。

(1) 关于沉速 ω,对于淤泥质海岸,沉速采用常值 0.000 4～0.000 5 m/s(即絮凝当成粒径沉速),对于粒径 $D>0.03$ mm 的淤泥质泥沙,因其不存在絮凝现象,故沉速 ω 应代之以分散的单颗粒沉速 ω_k 。

(2) 关于含沙量 S,对于淤泥质海岸,当缺少含沙量资料时,可以根据风浪及潮流资料,由式 9.1-2 求得;对于非淤泥质海岸,式 9.1-2 需要修正。修正的原则,应反映出淤泥质和非淤泥质泥沙在运动过程中的特性。

基于上述修正原则,考虑在稳定流的泥沙起动试验中,黏性泥沙(淤泥质泥沙)由于黏结力强,粗沙由于质量大,它们的起动流速都大,而只有粉砂质泥沙,它们的黏结力和质量都不大,因此起动流速小。同样,不同泥沙在掀扬过程中,也应该存在这样的特性;由于式 9.1-2 是淤泥质海岸通过实测的资料求得的,故其中也隐含有泥沙黏结力的作用。

基于此,再参照有关实际情况,对于粒径大于 0.03 mm 的泥沙,含沙量公式亦做如下修正[21,85]:

$$S_k = S_1 F^{\left(\frac{1}{F}\right)} \tag{9.1-4}$$

式中:S_1 是式 9.1-2 所代表的含沙量;

F 为修正系数,可表达为:

$$F = \frac{D_0}{D_k + a/D_k} \tag{9.1-5}$$

式中:D_0 是特定粒径,取值为 0.11 mm;

$a=0.002\,4\ \text{mm}^2$;

D_k 为$\geqslant$0.03 mm 的泥沙粒径;

S_k 为粒径对应于 D_k 的含沙量。

显然,当 $D_k=0.03$ mm 时,$F=1$,0.03 mm 是絮凝当量粒径。凡是小于 0.03 mm 的分散体泥沙,一律采用絮凝当量粒径 0.03 mm,实际上可以将 0.03 mm 作为黏性泥沙(淤泥质泥沙)与非黏性泥沙的分界点。

经过上述有关沉速和含沙量的修正后,适用于淤泥质和非淤泥质海岸的航道的回淤计算公式为[21,85]：

$$P_k=\frac{\omega_k S_k t}{\gamma_{ck}}\left\{k_1\left[1-\left(\frac{d_1}{d_2}\right)^3\right]\sin\theta+k_2\left[1-\frac{d_1}{2d_2}\left(1+\frac{d_1}{d_2}\right)\right]\cos\theta\right\} \tag{9.1-6}$$

式中：P_k 为非淤泥质海岸航道淤积强度；

ω_k 为非淤泥质海岸泥沙的沉降速度；

S_k 为非淤泥质海岸泥沙的挟沙能力；

γ_{ck} 为非淤泥质海岸泥沙的干容重；

其他参量意义同前。

9.2 港池回淤预测

9.2.1 淤泥质海岸港池

港池指的是港口内供船舶停泊、作业、驶离和转头操作用的水域。港池要有足够的面积和水深，要求风浪小和水流平稳。与航道类似，港池也可分为天然地势形成的、由人工建筑物掩护而成的、人工开挖海岸形成的(称挖入式港池)。

一般港池可以归纳为两类。第一类是开敞式港池，如图 9.2.1-1 所示。

由图 9.2.1-1(a)可见，码头与陆岸平行，港池紧贴岸边。由图 9.2.1-1(b)可见，码头与港池离岸有一定距离，码头和栈桥均为透空式高桩梁板，这一类港口布置几乎不改变近岸水流的流路。

这类港池，多采用突堤码头或突堤和顺岸相结合的码头，以节省岸线长度。两突堤间的水域宽度根据设计船舶尺度、泊位数、船舶靠离码头的作业方式以及在同一泊位上并列靠泊的船舶数目确定。大型船舶在突堤间一般由拖船协助靠离码头，在这种情况下，突堤间水域的最小宽度约为设计船舶长度的 1.2 倍。

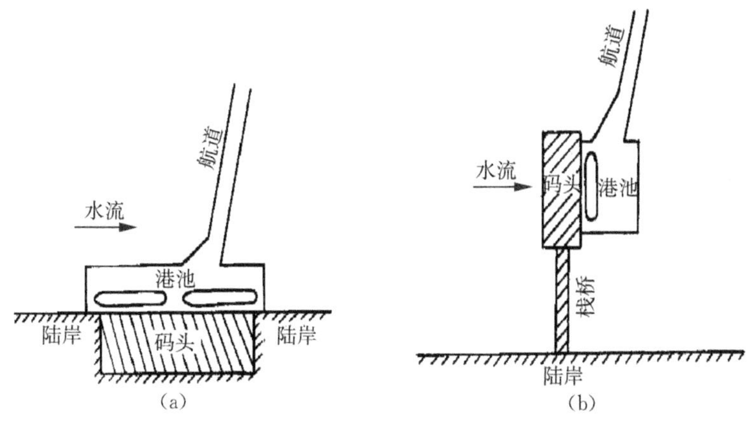

图 9.2.1-1 开敞式港池示意[21]

第二类是有掩护的港池(含挖入式港池)，如图 9.2.1-2 所示。

这类港池口门方向和宽度往往根据港口所在地区的风向、波浪、潮流、冰凌(如在冰冻地区)等情况和船舶尺度、航行密度、单行或双行等条件确定。在潮差较大地区,为减少潮差影响,降低码头高度和港池深度,节省造价,甚至在港池口门处设一船闸,形成闭合式港池。港内锚地一般布置在港池前方靠近口门处。船舶转头水域位于港内锚地和码头前沿水域之间。

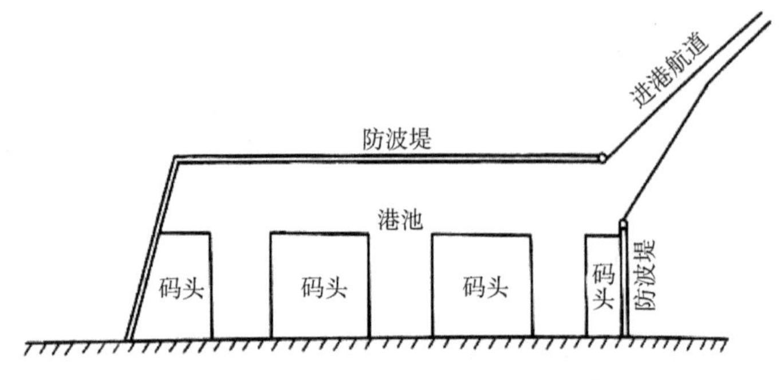

图 9.2.1-2　有掩护式港池示意[21]

这类港池由于防护建筑物的掩护,港外水流必须经过口门才能进入港内。对于大型多港池的港口,因港池在港内的部位不同,浑水进入各港池的时间将出现先后,即水流首先流经靠口门的港池,随后依次流经不同部位的港池,港池部位不同,其淤积强度也不同。

不论开敞式港池或者有掩护式港池,其港池面积,特别是人工掩护的港池和人工开挖的港池的面积,应根据使用要求和发展趋势确定。船舶在港池内自航转头,船舶转头水域的半径约为船长 1.5～2 倍,当用拖船协助时半径可等于船长一倍。如果利用码头上的带缆桩抛锚或采用拖船协助转头,转头水域半径还可适当减小。港池自口门至码头前沿应有一定的距离,以保证船舶驶入口门后减速到接近静止状态,安全靠泊码头;并使进入口门的波浪逐渐扩散,波能基本消失,以免在码头岸壁前形成立波,影响系泊稳定。

与航道类似,港池回淤过大,同样会引起港池水深减小,甚至威胁港池的正常使用,因而,港池的修建不可避免也要面对港池回淤的问题。目前关于港池回淤预测研究往往针对开敞式和有掩护式两类港池进行研究,具体公式如下[21,85]。

(1) 开敞式港池回淤

对于开敞式港池,当港池的 L/B 大于 10 且浅滩与港池水深之比大于 0.6,此时港池可以视作顺流航道,考虑 $\theta = 0$,由式 9.1-1,其回淤强度可按照下式计算:

$$P_b = \frac{K_2 S_1 \omega t}{\gamma_c}\left[1 - \frac{V_2}{2V_1}(1 + \frac{d_1}{d_2})\right] \quad (9.2\text{-}1)$$

式中:V_1、V_2 和 d_1、d_2 分别代表开挖前后的平均流速及浅滩和港池的水深;

其他参数意义同式 9.1-1。

若港池的 L/B 小于 10 和 $\frac{d_1}{d_2}$ 小于 0.6 或者其中有一个比值不满足要求,则可以认为浑水横越港池导致淤积,此时 $\theta = 90$,因此由式 9.1-1,港池回淤强度可按照下式计算:

$$P_b = \frac{K_1 S_1 \omega t}{\gamma_c}\left[1-\left(\frac{d_1}{d_2}\right)^3\right] \tag{9.2-2}$$

式中：参数意义同式 9.1-1。

（2）有掩护式港池回淤

对于第二类掩护港池，考虑到各种有关港池的回淤因素，其回淤强度可按照经验公式计算：

$$P_b = \frac{K_0 S_1 \omega t}{\gamma_c}\left[1-\left(\frac{d_1}{d_2}\right)^3\right]\exp\left[\frac{1}{2}\left(\frac{A}{A_0}\right)^{\frac{1}{3}}\right] \tag{9.2-3}$$

式中：A 为港内浅滩水域面积；

A_0 为港内总的水域面积（含港池和浅滩面积）；

K_0 为经验系数，可取 0.14～0.17；

其他参数意义同式 9.1-1。

现在讨论大型港口多港池淤积估算问题，淤泥质海岸大型港口多港池的回淤实况表明，对港内水深相同的港池靠近口门者淤积强度大，远离口门远者淤积强度小，天津新港和连云港都是例子。

港内不同港池的回淤计算，采用式 9.2-3，但要分区进行，根据分区特点，式 9.2-3 可以写成下列形式：

$$P_{b(i+1)} = \frac{K_0 S_{(i+1)} \omega t}{\gamma_c}\left[1-\left(\frac{d_1}{d_{2\ (i+1)}}\right)^3\right]\exp\left[\frac{1}{2}\left(\frac{A_{(i+1)}}{A_{0\ (i+1)}}\right)^{\frac{1}{3}}\right] \tag{9.2-4}$$

$$S_{i+1} = S_i - \frac{(A_{0i}-A_i)P_{bi}\gamma_c}{(A_0-\sum A_{0i})\Delta HN} \qquad (i=0,1,2,\cdots) \tag{9.2-5}$$

式中：S_{i+1} 为计算第 $i+1$ 港池单元的含沙量；

$d_{2(i+1)}$ 为第 $i+1$ 单元港池开挖水深；

$A_{(i+1)}$、$A_0(i+1)$ 分别为第 $i+1$ 港池单元的浅滩水域面积和该单元总水域面积；

ΔH 为平均潮差；

N 为相应于淤积历时 t 内的潮数；

其他参量意义同前。

根据式 9.2-4～式 9.2-5 计算港内不同部位港池回淤强度时，按港池和口门距离的近和远，依次划分港池回淤计算单元 1、2、3、4。然后从距口门最近的 1 号单元开始，逐一向内计算单元。单元划定后，各参数 d_1、$d_{2(i+1)}$ 和 A_{i+1}、$A_{0(i+1)}$ 等都是确定的值，仅 S_{i+1} 要用式 9.2-5 依次计算求得。

计算第一单元的回淤强度时，$i=0$、$P_{B0}=0$、$S_1=S_0$，即口门外浅滩含沙量。

计算第二单元时，按照式 9.2-5，含沙量系经过第一单元落淤之后而减少的值，计算第三单元时，含沙量则是经过 1、2 单元落淤后又减少了的值，如此类推至距口门最远的港池单元。

对于有掩护的大型港口，划分港池单元进行淤积计算，要把港内所有港池作为一个单元计算才合理。典型的如连云港港池回淤计算，若采用如图 9.2.1-3 的方式进行划分，则港池分区泥沙回淤计算结果也将比将连云港整体港池计算要准确。

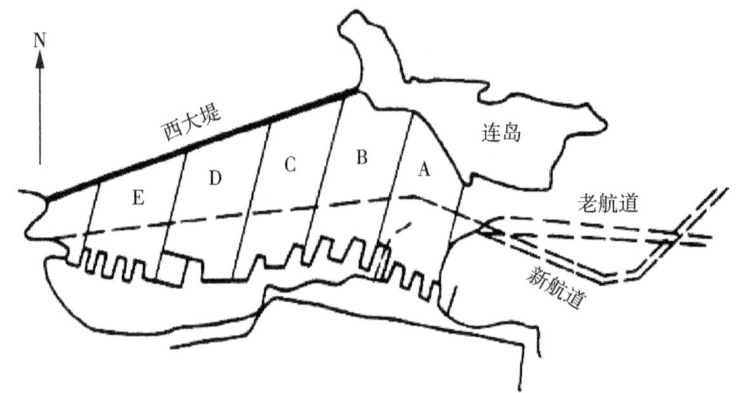

图 9.2.1-3 连云港港池回淤及分区示意[21]

9.2.2 非淤泥质海岸港池

与非淤泥质海岸航道回淤计算方法类似，对淤泥质海岸港池回淤计算公式进行修正后，便可运用于非淤泥质海岸的港池回淤计算，具体公式如下[21,85]。

(1) 开敞式港池

当港池可视作顺流航道考虑时：

$$P_{bk} = \frac{K_2 S_k \omega_k t}{\gamma_{ck}}\left[1 - \frac{V_2}{2V_1}\left(1 + \frac{d_1}{d_2}\right)^3\right] \tag{9.2-6}$$

式中：P_{bk} 为非淤泥质海岸港池淤积强度；

ω_k 为非淤泥质海岸泥沙的沉降速度；

S_k 为非淤泥质海岸泥沙的挟沙能力；

γ_{ck} 为非淤泥质海岸泥沙的干容重；

其他参量意义同前。

当港池可视作横流航道考虑时：

$$P_{bk} = \frac{K_1 S_k \omega_k t}{\gamma_{ck}}\left[1 - \left(\frac{d_1}{d_2}\right)^3\right] \tag{9.2-7}$$

式中：参量意义同前。

(2) 有掩护式港池

当港池作为整体进行回淤计算时：

$$P_{bk} = \frac{K_0 S_k \omega_k t}{\gamma_{ck}}\left[1 - \left(\frac{d_1}{d_2}\right)^3\right]\exp\left[\frac{1}{2}\left(\frac{A}{A_0}\right)^{\frac{1}{3}}\right] \tag{9.2-8}$$

式中：P_{bk} 为非淤泥质海岸港池淤积强度；

其他参量意义同前。

当港池分区进行回淤计算时：

$$P_{bk(i+1)}=\frac{K_0S_{k(i+1)}\omega_k t}{\gamma_{ck}}\left[1-\left(\frac{d_1}{d_{2\ (i+1)}}\right)^3\right]\exp\left[\frac{1}{2}\left(\frac{A_{(i+1)}}{A_{0\ (i+1)}}\right)^{\frac{1}{3}}\right] \tag{9.2-9}$$

$$S_{ki+1}=S_{ki}-\frac{(A_{0i}-A_i)P_{bki}\gamma_{ck}}{(A_0-\sum A_{0i})\Delta HN}\qquad (i=0,1,2,\cdots) \tag{9.2-10}$$

式中：P_{bki}、$P_{bk(i+1)}$ 分别为非淤泥质海岸港池 i、$i+1$ 分区的淤积强度；

ω_k 为非淤泥质海岸泥沙的沉降速度；

S_{ki}、S_{ki+1} 分别为非淤泥质海岸港池 i、$i+1$ 分区的含沙量；

γ_{ck} 为非淤泥质海岸泥沙的干容重；

其他参量意义同前。

9.3　工程案例分析

9.3.1　淤泥粉砂质海岸含沙量计算

表 9.3.1-1 给出了淤泥粉砂质海岸海域滩面泥沙组成。

设海域计算点位水深 $d=5$ m，海滩坡度 1∶300。该海域 1 年有 3 个月可作为无浪期对待，其余 9 个月的大、中、小潮均伴有不同等级的波浪。经潮流和波浪数值计算，该点位的潮流、波浪成果载入表 9.3.1-2。

表 9.3.1-1　海域滩面泥沙组成

	黏性泥沙絮凝粒径(mm)								
D_k(mm)	0.03	0.03～0.04	0.04～0.05	0.05～0.07	0.07～0.09	0.09～0.11	0.11～0.13	0.13～0.16	0.16～0.20
重量比(%)	10	10	15	20	15	10	10	8	2

表 9.3.1-2　海域 $d=5$ m 处潮流、波浪数据

项	潮流平均流速 V_1(m/s)			各级波高、周期及持续时间百分比(%)								
	大	中	小	H(m)	T(s)	(%)	H(m)	T(s)	(%)	H(m)	T(s)	(%)
数据	0.45	0.35	0.25	0.8	4	60	1.5	5.5	30	2.2	6.5	10

根据上述水文泥沙资料，按照以下步骤计算航道回淤。

(1) 按式 9.1-5 和表 9.3.1-1 资料计算泥沙因子 F。

(2) 按式 9.1-2 和表 9.3.1-2 各级波浪资料,计算各级波浪的波浪平均流速 V_2,然后用时间加权平均,得到 V_2=0.274 m/s。

(3) 在 9 个月的潮流和波浪共同作用期间,大、中、小潮的 $V_{1大}$、$V_{1中}$、$V_{1小}$,机会均等地与波浪平均流速 V_2 组配,按式 9.1-2,分别计算得出 $S_{*大}$、$S_{*中}$、$S_{*小}$为 0.737 kg/m^3、0.548 kg/m^3、0.386 kg/m^3,由此根据加权得 S_{*9}=0.557 kg/m^3。

(4) 在 3 个月的无浪期,大、中、小潮的含沙量,只需在公式中令 V_2=0,即得 $S_{0大}$、$S_{0中}$和 $S_{0小}$分别为 0.28 kg/m^3、0.17 kg/m^3 和 0.088 kg/m^3。同样,它们也各占历时的 1/3,故无浪期 3 个月的平均挟沙力含沙量 S_{*3}=0.18 kg/m^3。

(5) 1 年 12 个月该点位的平均挟沙力含沙量为 S_*=0.46 kg/m^3。

可见,无浪期和有浪期挟沙力含沙量相差很大,不宜简单地采用实测含沙量进行泥沙问题计算。但是在无浪或小浪期间取得的实测含沙量,可以用作检验无浪期的含沙量计算值。用于工程泥沙问题计算的含沙量,一定要考虑波浪的影响。

9.3.2 非淤泥质海岸航道及港池的回淤计算

(1) 汕头港

汕头港外拦门沙,滩面水深 6.0 m,如果挖槽按淤泥质海岸的航道回淤计算,8 个月仅回淤 0.074 m,如按修正后的通用式计算,则 8 个月回淤达到 0.61 m ,与实际情况一致。

(2) 大清河

大清河拦门沙航道,d_1 和 d_2 分别为 1.0 m 和 3.25 m ,D_k=0.13 mm ,70 天实际回淤 1.5 m。同样,如按淤泥质泥沙计算,70 天只有 0.17 m ,而按修正后的通用公式计算,则为 1.43 m,也与实测资料一致。

(3) 茅家港

茅家港渔港航道 d_1 和 d_2 分别为 1.5 m 和 2.7 m , D_k=0.093 mm。暴风浪 2.8 天骤淤 0.7 m。如按淤泥质泥沙考虑,2.8 天只回淤 0.11 m,而按修正后的通用公式计算,2 天将骤淤 0.77 m,与实际情况也一致。

(4) 某有掩护式港池[21]

假设某有掩护式港池分别处在水动条件相同的淤泥质海岸和 D_k=0.1 mm 的粉砂质海岸,港外浅水域平均水深 d_1 和港内开挖水深 d_2 分别为 6.0 m 和 13.0 m,港区总水域面积 125 万 m^2,计算区段划分各区段及面积如图 9.3.2-1 及表 9.3.2-1 所示。

港区平均潮差$\triangle H$=3.0 m ,全年潮数 N=706。港内均为水深 d_2=13.0 m 港池,没有浅滩水域。淤泥质海岸条件下,口门外浅水域的平均含沙量 S_1=0.20 kg/m^3。若为 D_k=0.1 mm 的粉砂质海岸,则其相应的含沙量为 $S_k=S_1F(1/F)$=0.175 kg/m^3。淤泥和粉砂的淤积干容重分别为 γ_c=640 kg/m^3 和 γ_{ck}=1 148.3 kg/m^3。

分区港池的计算含沙量按序由分区公式计算。

因港内浅滩面积为零,exp(0)=1。现将两种海岸情况下港内分区回淤强度的计算结果汇入表 9.3.2-1 中。

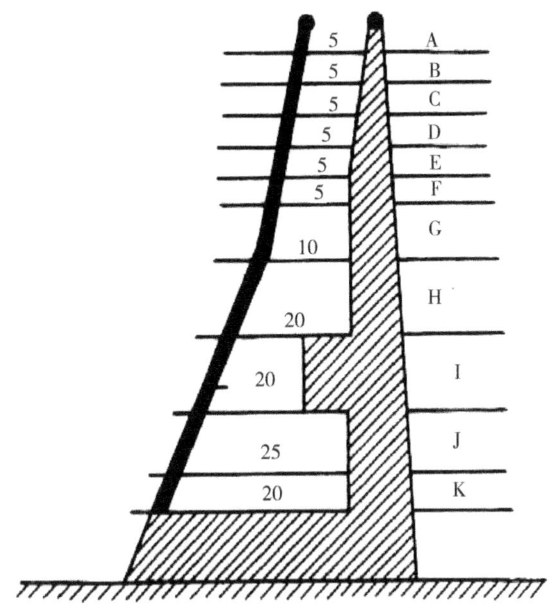

图 9.3.2-1　有掩护式港池回淤计算分区[21]

由表 9.3.2-1 中数据可绘制成淤强分布曲线图 9.3.2-2。

从表及图反映出来的港池淤强分布规律可知，粉砂质海岸港口(有掩护的)，港内回淤主要集中在口门附近地区，淤强大，向内衰减快。大风浪天，可能出现口门堵塞。1993 年，我国北方京唐港口门区出现堵塞，而港内几乎不淤就是一个例子。而淤泥质海岸港口，虽然也表现出口门区淤强最大，但与粉砂质海岸的情况相比，却是很小的，且口门向内的衰减较慢。大风浪天，不大可能出现口门堵塞。

因此，对于粒径＜0.03 mm(或＜0.05 mm 的淤泥质海岸和粒径＞0.25 mm 或＞0.03 mm)砂质海岸的航道和港池，在一般海岸动力条件下回淤是比较轻微的，也不会出现所谓“骤淤”。特别是粒径＜0.03 mm 的黏性泥沙回淤，当其容重小于 1.20 t/m³ 时，还可作为适航水深利用。

而对于粉砂质海岸，特别对 $0.05<D_k<0.2$ mm 的粉砂质海岸，这时航道和港池不仅淤强大，而且可能出现“骤淤”，甚至堵塞航道或港口口门，需要慎重研究，采取相应措施。

表 9.3.2-1　港池分区回淤计算结果[21]

港池单元	单元面积(万 m^2)	d_1(m)	d_2(m)	淤泥质海岸		非淤泥质海岸	
				计算含沙量 S ($kg \cdot m^{-3}$)	年淤积强度 P(m)	计算含沙量 S_k ($kg \cdot m^{-3}$)	年淤积强度 P_k(m)
A	5	6.0	13.0	0.200	0.50	0.175	3.71
B	5	6.0	13.0	0.194	0.49	0.091	1.93

续 表

港池单元	单元面积(万 m^2)	d_1(m)	d_2(m)	淤泥质海岸		非淤泥质海岸	
				计算含沙量 S ($kg \cdot m^{-3}$)	年淤积强度 P(m)	计算含沙量 S_k ($kg \cdot m^{-3}$)	年淤积强度 P_k(m)
C	5	6.0	13.0	0.188	0.47	0.046	0.98
D	5	6.0	13.0	0.182	0.45	0.022	0.47
E	5	6.0	13.0	0.176	0.43	0.010	0.21
F	5	6.0	13.0	0.169	0.42	0.004 3	0.09
G	10	6.0	13.0	0.162	0.40	0.001 7	0.04
H	20	6.0	13.0	0.148	0.36	≈0	0
I	20	6.0	13.0	0.115	0.28		
J	25	6.0	13.0	0.077	0.19		
K	20	6.0	13.0	≈0	0		

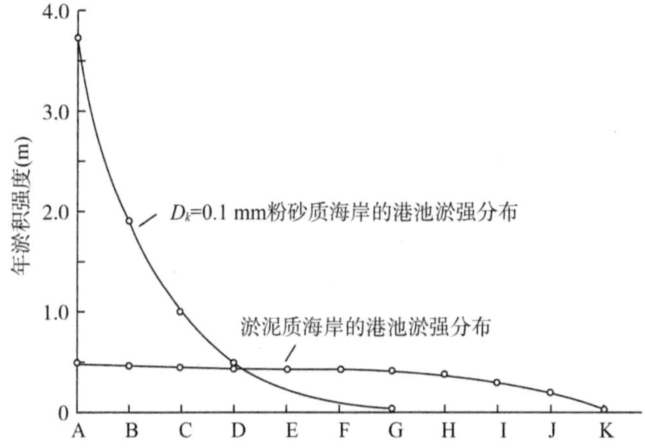

图 9.3.2-2 淤泥质海岸和非淤泥质海岸港池回淤分布特征[21]

9.4 课后思考题

(1) 试谈谈海岸航道回淤预测方法的理论依据。

(2) 试说说航道回淤预测方法与港池回淤预测方法的异同点。

(3) 淤泥质海岸与非淤泥质海岸航道回淤计算的关键点在哪里?

(4) 港池类型有哪些,如何进行分类,各类港池的特征为何?

(5) 试阐述有掩护式港池的水沙运动特征。

(6) 说明航道与水流夹角变化对航道回淤的影响,并举例说明。

(7) 阐述泥沙沉降速度在泥沙回淤计算中扮演的作用。

(8) 谈谈泥沙干容重和泥沙颗粒容重的差别,并说明相应计算方法。

(9) 泥沙干容重是否与泥沙颗粒容重相等? 试说明泥沙干容重随时间变化规律。

(10) 说说淤泥质和非淤泥质泥沙挟沙力的差别。

(11) 说明开敞式港池如何运用相应的航道回淤公式进行回淤预测。

(12) 对于有掩护式港池而言,淤泥质海岸和非淤泥质海岸泥沙淤积分布的差异主要体现在哪里?

(13) 粉砂质海岸和沙质海岸港池泥沙回淤的特点是什么?

(14) 大风天怎么计算水体挟沙能力?

(15) 试谈谈如何降低粉砂质海岸港池口门骤淤的可能性?

第 10 章　河口海岸边滩促淤围垦工程回淤预测

10.1　边滩促淤围垦回淤预报模式[86][87]

10.1.1　淤积率计算公式的推导

窦国仁的潮汐水流悬沙运动微分方程为：

$$\frac{\partial(HC)}{\partial t}+\frac{\partial(qC)}{\partial x}+\alpha\omega(C-S_*)=0 \tag{10.1-1}$$

式中：C 为含沙量；

q 为单宽流量；

H 为水深；

ω 为悬沙沉降速度；

S_* 为水流挟沙能力；

α 为泥沙沉降几率。

对式 10.1-1 在一个潮周期内积分，可近似得到时均方程（略去时均符号）为：

$$\frac{\partial(qC)}{\partial x}+\alpha\omega(C-S_*)=0 \tag{10.1-2}$$

采用有限差分法，式 10.1-2 可写作：

$$\Delta(qC)=-\alpha\omega(C-S_*)\Delta x \tag{10.1-3}$$

以下标“1”表示工程前，“2”表示工程后，并以淤积为正，冲刷为负，则由式 10.1-3 得到：

$$\Delta q_1C_1=\alpha\omega(C_1-S_{*1})\Delta x \tag{10.1-4}$$

$$\Delta q_2C_2=\alpha\omega(C_2-S_{*2})\Delta x \tag{10.1-5}$$

则工程后单位面积上的淤积体积，即一个潮周期的淤积强度为：

$$\Delta z=\frac{(\Delta q_2C_2-\Delta q_1C_1)}{\Delta x\gamma_c}=\frac{\alpha\omega}{\gamma_c}[(C_2-C_1)+(S_{*1}-S_{*2})]T \tag{10.1-6}$$

假定建造工程后不改变边界的来沙量，即：

$$C_1=C_2$$

则式 10.1-6 为：

$$\Delta z=\frac{\alpha\omega S_{*1}T}{\gamma_c}\left(1-\frac{S_{*2}}{S_{*1}}\right) \tag{10.1-7}$$

则一年中淤积强度为：

$$p=\Delta z\cdot n=\frac{\alpha\omega nTS_{*1}}{\gamma_c}\left(1-\frac{S_{*2}}{S_{*1}}\right) \tag{10.1-8}$$

式中：T 为潮周期(s)；

S_{*1}、S_{*2} 为工程前、后的挟沙能力(kg/m^3)；

n 是一年中潮数。

10.1.2　计算参数的确定

式 10.1-8 中的一年中潮数 $n=706$，对于 S_* 的计算，前人已做过很多研究，较常用的有：

$$S_*=k\left(\frac{U^3}{gH\omega}\right)^m \tag{10.1-9}$$

此外，李昌华曾总结得出：

$$S_*=0.0075\left(\frac{U^3}{H\omega}\right)^{1.25} \tag{10.1-10}$$

如将上式化成与式 10.1-9 相同的形式，则得：

$$S_*=0.13\left(\frac{U^3}{gH\omega}\right)^{1.25} \tag{10.1-11}$$

对于潮汐河口，其挟沙能力可以写成：

$$S_*=k\left(\frac{U^2}{gH}\right)^m \tag{10.1-12}$$

式中：k 和 m 由当地实测资料确定，有研究分析认为 k 和 m 是水流及泥沙条件的函数。不同河口水流泥沙条件均不一样，因此，各河的 k 和 m 也不一样。

采用何种形式的挟沙能力公式，最重要的是要符合当地的实际情况，通常采用当地的实测流场和含沙量资料，通过相关分析的方法来建立适合当地情况的挟沙能力公式。

在通常情况下，不论淤泥质泥沙在分散状态下的粒径多么小，其絮凝沉降的当量粒径均在 0.015～0.03 mm 范围内，在淤泥质海岸的回淤问题计算中，絮凝沉速取常值，即$\omega=0.0004\sim0.0005$ m/s。

泥沙的干容重和沉降几率的选取与海岸相同。

根据式 10.1-8 以及选定的参数，结合潮流数学模型计算工程前后流场变化的数值，便可以方便地计算回淤强度。

10.2 边滩促淤围垦冲刷模式探讨[86]

海岸工程后，工程区周边流速可能存在增大现象，为了保持潮流挟沙能力和携带物质之间的平衡，水流就要从底床泥沙中取得补偿，这样底床就会受到冲刷。已有试验成果也表明，由较清的水所引起的冲刷程度比浑水的大，这是由于浑水所携带的泥沙可以抵偿一部分由底床冲起并带走的泥沙。

因此，根据潮汐河口挟沙能力计算公式 10.1-11，当认为来水来沙稳定情况下，平均含沙量与挟沙力基本相当，由此有：

$$S_*=C \tag{10.2-1}$$

式中：C 为平均含沙量。

由式 10.1-12 可得：

$$H=\frac{k}{C^{1/m}}\frac{U^2}{g} \tag{10.2-2}$$

以下标“1”表示工程前，“2”表示工程后，则工程前、后水深之比可表示为：

$$\frac{H_2}{H_1}=\left(\frac{C_1}{C_2}\right)^{1/m}\left(\frac{U_2}{U_1}\right)^2 \tag{10.2-3}$$

则有

$$H_2=H_1\left(\frac{C_1}{C_2}\right)^{1/m}\left(\frac{U_2}{U_1}\right)^2 \tag{10.2-4}$$

式中：符号含义与式 10.1-12 相同。

10.3 多年回淤简便预测模式[88]

促淤造陆是沿海工业、农业、交通及城市建设用地的重要土地来源。淤泥质海岸，由于坡度平缓水深变化小，在同样围堤造陆的条件下，比其他陡坡海岸可以多造出许多土地，从而降低造陆造价。促淤造陆，是在原滩面上的再淤高。对于淤泥质海岸围垦工程建后的回淤估算，人们不仅希望知道工程建后第一年的回淤强度，更希望知道以后每年平均淤积强度。

对淤泥质海岸围垦后的淤积强度估算，大多采用数学模型计算工程前后流场分布，再用经验公式根据流场分布变化计算得到淤积强度值。如果计算多年的淤积强度，需要将第一年计算得到的淤积强度值代入数学模型，修改地形值后再重复计算，工作量较大。这里提出一种简便的方法，根据第一年计算或实测得到的淤积强度值，计算以后多年的淤积强度。

考虑在沙源、流路和动力条件都相同时，促淤的水深愈深，促淤的效果愈显著。因为泥沙是靠水体带来的，水愈深，淹没的时间愈长，可以截留的泥沙量必然就愈多。这样，当淤积到一定高度形成滩地时，只有中、高潮以上水位才能上滩淹没，且淹没历时较短，水浅沙量少，又受风浪的冲刷，自然淤积速度就较慢。可见，潮位对促淤滩面的标高起着控制的作用。

滩面的促淤标高一般都在平均潮位以下，滩面高程愈接近平均潮位，其年回淤强度就愈小，所以建围滩工程后第二年的回淤量必然小于第一年的回淤量。这样，可以根据前一年淤积后的水深变化，进行后一年回淤强度的计算。

因此，可采用下面一个式子来预估后几年的回淤强度：

$$P_{i+1} = P_i \frac{H_i}{H_{i-1}} \tag{10.3-1}$$

式中：P_i是当年的回淤强度；

H_i是当年的全潮平均水深，$H_i = H_{i-1} - P_i$；

H_{i-1} 是去年的全潮平均水深；

P_{i+1}是来年的回淤强度。

上式可进一步变形为：

$$P_{i+1} = K_i P_i \frac{H_i}{H_{i-1}} \tag{10.3-2}$$

式中：K_i 为比例系数，一般取为 1，如果有当地实测资料，则可根据实测资料确定该比例系数以后，再利用上式进行多年回淤预测；

其余参量表意与上节相同。

10.4　工程案例

10.4.1　南汇边滩促淤工程

世界上河口形态的千差万别，都是在不同的来水来沙和当地的海洋环境条件下形成的。其中以流域来沙最为直接，影响较大。河流来沙不多或即使有泥沙入海，但被强沿岸流带走时，河口不会发生淤积，形成三角港河口，如我国的钱塘江口和英国的泰晤士河口；来沙丰富时或河流来沙被海岸动力（如沿岸流、波浪）带走的少，泥沙就会在河口落淤发育为三角洲河口，边滩向外延伸，如长江河口。根据有关资料的分析，长江入海泥沙近百年来有 81％沉积在长江口和杭州湾及其外海－50 m 等深线内。

南汇边滩位于长江口外水下三角洲南缘，东邻东海，西靠南汇县，南频杭州湾，北到长江口南槽。在涨、落潮流和风浪的作用下，东滩呈西北—东南走向，南滩呈东西走向，滩面比降1/350～1/1 340，北陡南缓，靠近海堤脚处生有芦苇，芦苇外有秧草。

南汇嘴是长江口和杭州湾的水流和泥沙相互作用形成的。汇角处在长江口门附近，江面辽阔，落潮水流带来的泥沙与杭州湾涨潮流相汇，产生缓流区，促使泥沙落淤，部分带入杭州湾。据实测资料统计分析，潮滩近底常存在一层厚30～50 cm的高含沙浓度的浑浊层，如遇大风、大潮，浑浊层可扩展至离滩面1.0～1.5 m的水层。潮流对潮滩淤积有重要作用。近岸潮波的变形使潮滩的流速及涨潮单宽流量远大于落潮，反映在泥沙运动特征上是涨潮挟沙上滩，高平潮和转流时，悬沙沉降落淤，底沙由潮滩下部向潮滩上部推移，形成宽广平缓的滩地。历史上，南汇边滩向海伸展速度为每40年1 000米。近几十年来，南汇边滩的向海淤涨速度增大至每年42～83 m。为上海市提供了大量的土地资源。目前滩涂面积很大，整个南汇边滩0 m(理论基面)以上滩涂面积为137.72 km^2，0～−2 m的水下浅滩面积有144.47 km^2，−2～−5 m浅水地区达371 km^2，这是潜在的巨大土地资源。

在一定的海洋动力条件下，河口边滩的进退直接取决于上游来沙量，也就是说，在边滩的海洋动力条件不变时，输入该地区的沙量多于被带走的沙量时就会发生淤积，反之，则发生冲蚀。

南汇边滩主要是长江口泥沙堆积形成的。长江来沙多，南汇边滩淤积，长江来沙少，南汇边滩冲刷，总趋势与长江来沙的关系十分显著。南汇边滩促淤工程的人工导堤建造好后，在人工导堤附近的海域进行水深测量，获得了实测水下地形资料。

在此基础上，利用实测资料，结合水流数值模拟和工程建设后的冲淤预测方法，计算人工导堤工程实施后的泥沙回淤。

人工导堤形态及附近区域分区示意如图10.4.1-1所示。

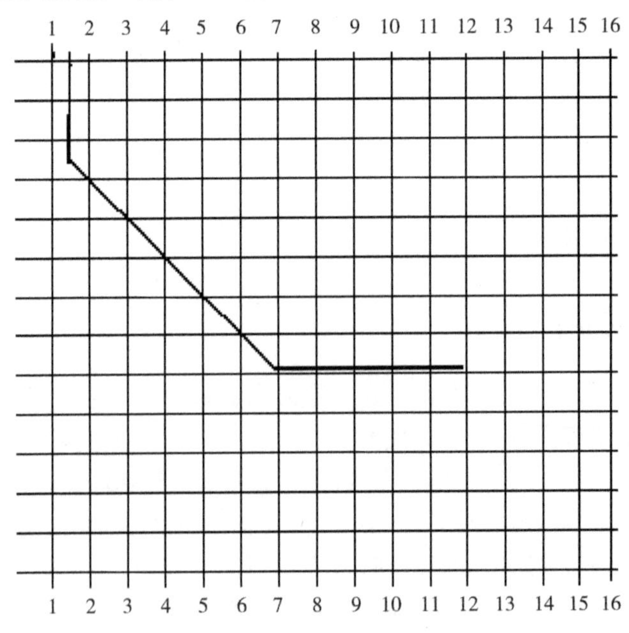

图10.4.1-1　人工导堤附近区域划分示意

10.4.2 淤积预报模式的应用

考虑到南汇附近海域的实际情况，通过相关分析，得到该水域的水流挟沙能力公式：

$$S_* = A\left(\frac{u^2}{gH}\right)^m \tag{10.4-1}$$

式中：u 为全潮平均流速；

g 是重力加速度；

H 为全潮平均水深；

$A=290$；

$m=1.28$。

将 S_* 代入式 10.1-8，得到：

$$P = \frac{\alpha\omega n T S_{*1}}{\gamma_c}\left[1-\left(\frac{u_2}{u_1}\right)^{2m}\right] \tag{10.4-2}$$

泥沙的干容重和沉降几率的选取与上节相同。

考虑一个潮周期的泥沙沉降距离大于海域的水深，即 $\omega \cdot T > H$。因此在实际计算中，以各区域的全潮平均水深 H 来代替 $\omega \cdot T$，即：

$$H = h + \zeta \tag{10.4-3}$$

式中：h 为理论基准面以下水深；

ζ 为平均潮位。

由此，式 10.4-2 为：

$$P = \frac{\alpha n S_{*1} H}{\gamma_c}\left[1-\left(\frac{u_2}{u_1}\right)^{2m}\right] \tag{10.4-4}$$

由此，利用上式，计算人工导堤周边各个区域的工程后泥沙回淤强度。

根据上述公式以及选定的参数，结合潮流数学模型计算工程前后流场变化的数值，可以计算回淤强度。

具体泥沙回淤结果如图 10.4.2-2 所示，泥沙回淤计算区域编号及位置如图 10.4.2-1 所示。

从图中可以看出，用所建立的淤积强度预报模式公式 10.4-4 计算出的数值与实测值是比较接近的，因此，可以用该淤积预报模式来预估相应工程建成后的淤积强度。

由此，可利用得到的工程后第一年的回淤强度，对计算区域的地形资料进行修正，再利用数模在新的地形条件下算出的流场，用该淤积预报模式来预估后一年的回淤强度。以此类推，可得到今后几年各年的淤积强度。

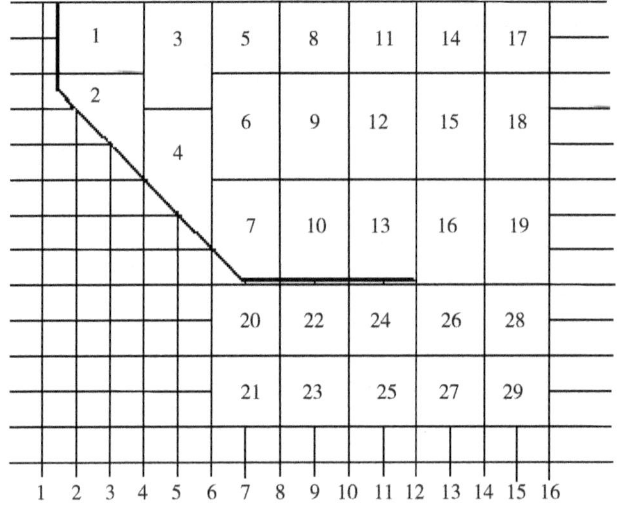

图 10.4.2-1　泥沙回淤计算区域分块示意

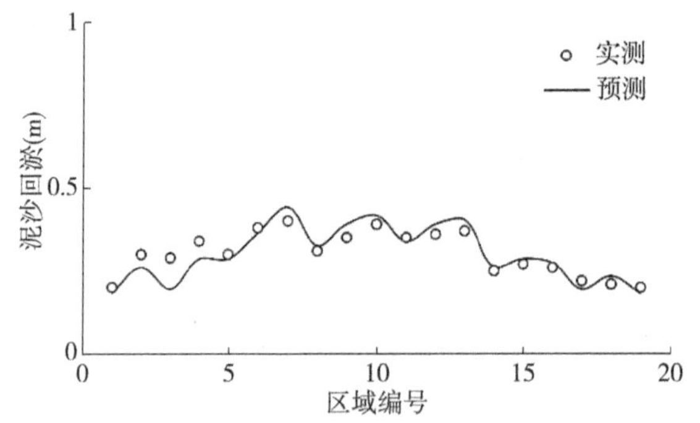

图 10.4.2-2　人工导堤实施后年回淤强度(1994—1995 年)

10.4.3　多年回淤预报模式的应用

在工程后年回淤预测结果基础上，利用二维潮流数值计算模型得到工程前后流场分布变化，再应用河口边滩围垦淤积预报模型公式，计算得到各计算区域第一年的淤积强度。将淤积强度值输入二维潮流数值计算模型，进行地形修正，从而可以进行下一步流场数值计算，再应用河口边滩围垦淤积预报模型公式，计算得到各计算区域新一年的淤积强度。

我们亦可以用河口边滩围垦淤积预报模型公式计算得到各计算区域第一年的淤积强度值，再通过多年回淤简便预测模式公式计算，得到第二年和第三年的淤积强度。

具体结果如图 10.4.3-1 所示。

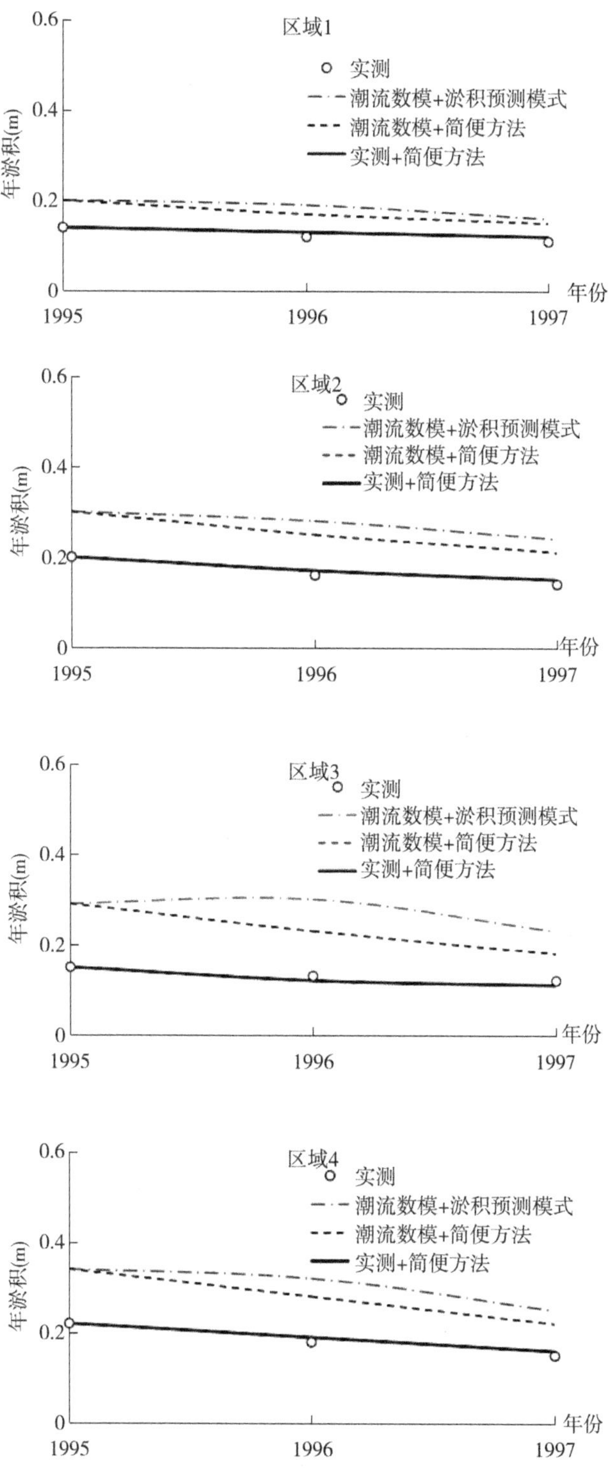
区域1
实测
潮流数模+淤积预测模式
潮流数模+简便方法
实测+简便方法
年淤积(m)
0.6
0.4
0.2
0
1995
1996
1997
年份
区域2
实测
潮流数模+淤积预测模式
潮流数模+简便方法
实测+简便方法
年淤积(m)
年份
区域3
实测
潮流数模+淤积预测模式
潮流数模+简便方法
实测+简便方法
年淤积(m)
年份
区域4
实测
潮流数模+淤积预测模式
潮流数模+简便方法
实测+简便方法
年淤积(m)
年份

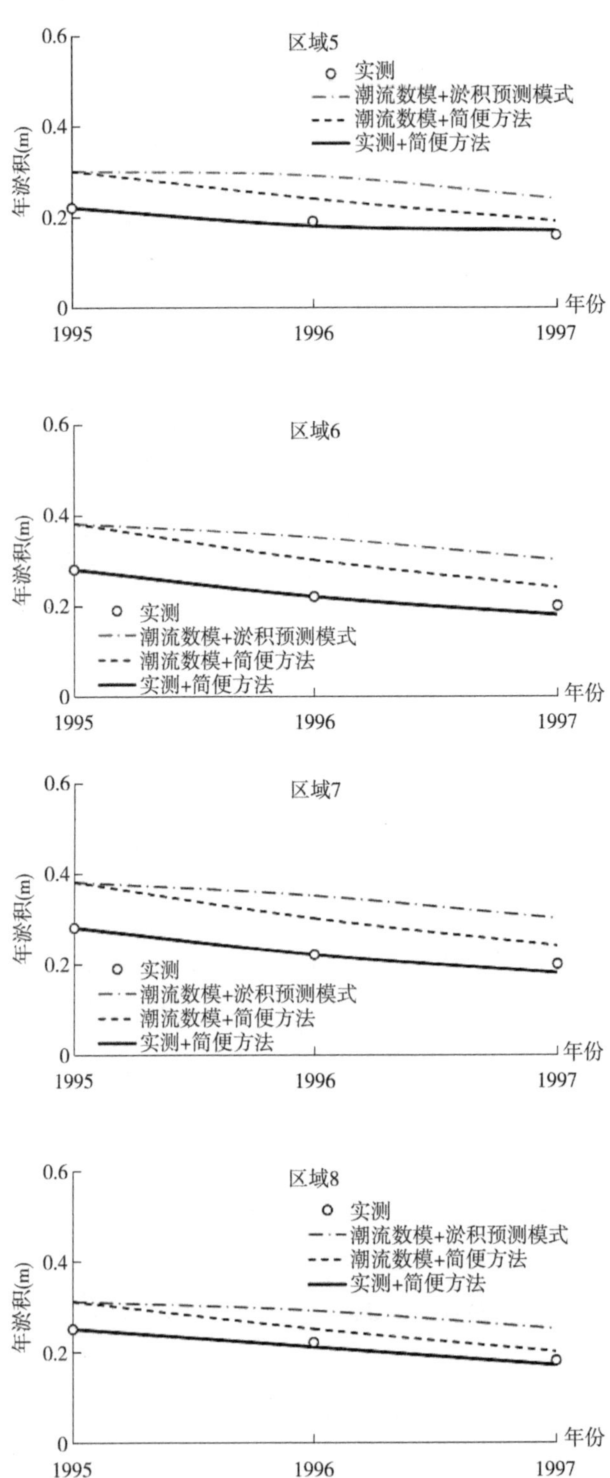

区域5
实测
潮流数模+淤积预测模式
潮流数模+简便方法
实测+简便方法
年淤积(m)
0.6
0.4
0.2
0
年份
1995
1996
1997
区域6
实测
潮流数模+淤积预测模式
潮流数模+简便方法
实测+简便方法
年淤积(m)
0.6
0.4
0.2
0
年份
1995
1996
1997
区域7
实测
潮流数模+淤积预测模式
潮流数模+简便方法
实测+简便方法
年淤积(m)
0.6
0.4
0.2
0
年份
1995
1996
1997
区域8
实测
潮流数模+淤积预测模式
潮流数模+简便方法
实测+简便方法
年淤积(m)
0.6
0.4
0.2
0
年份
1995
1996
1997

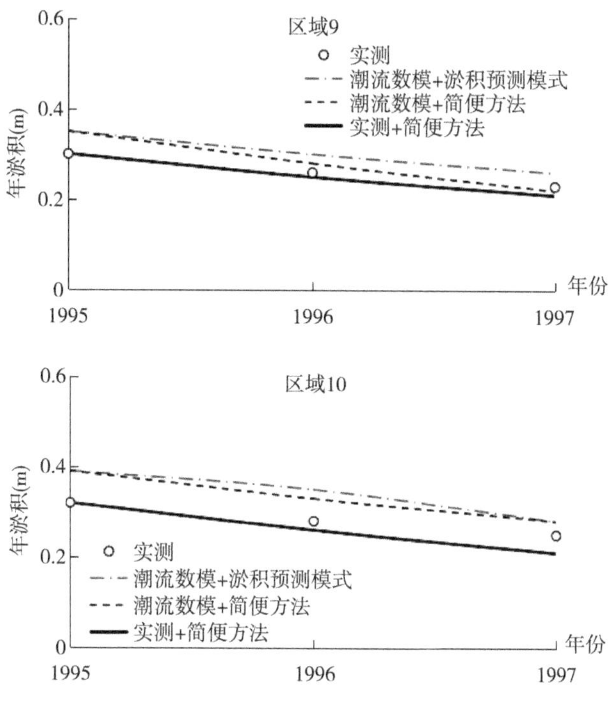
区域9
实测
潮流数模+淤积预测模式
潮流数模+简便方法
实测+简便方法
年淤积(m)
0.6
0.4
0.2
0
年份
1995
1996
1997
区域10
实测
潮流数模+淤积预测模式
潮流数模+简便方法
实测+简便方法
年淤积(m)
0.6
0.4
0.2
0
年份
1995
1996
1997

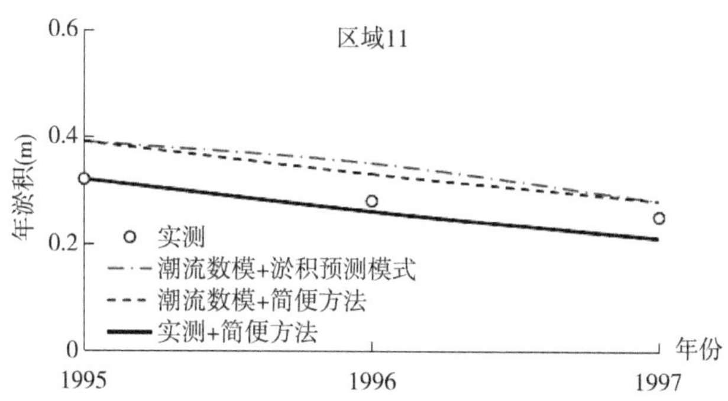
区域11
实测
潮流数模+淤积预测模式
潮流数模+简便方法
实测+简便方法
年淤积(m)
0.6
0.4
0.2
0
年份
1995
1996
1997

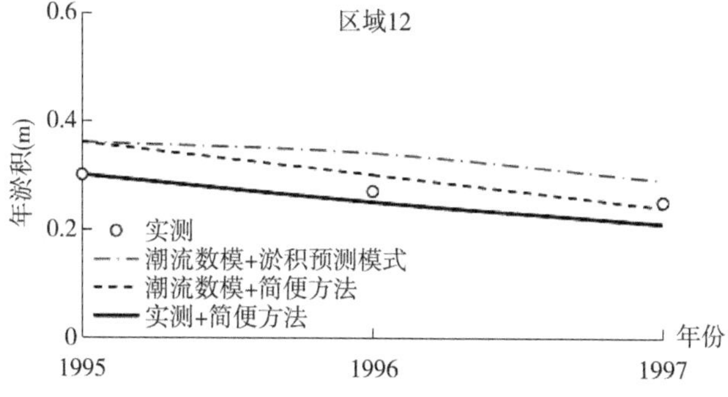
区域12
实测
潮流数模+淤积预测模式
潮流数模+简便方法
实测+简便方法
年淤积(m)
0.6
0.4
0.2
0
年份
1995
1996
1997

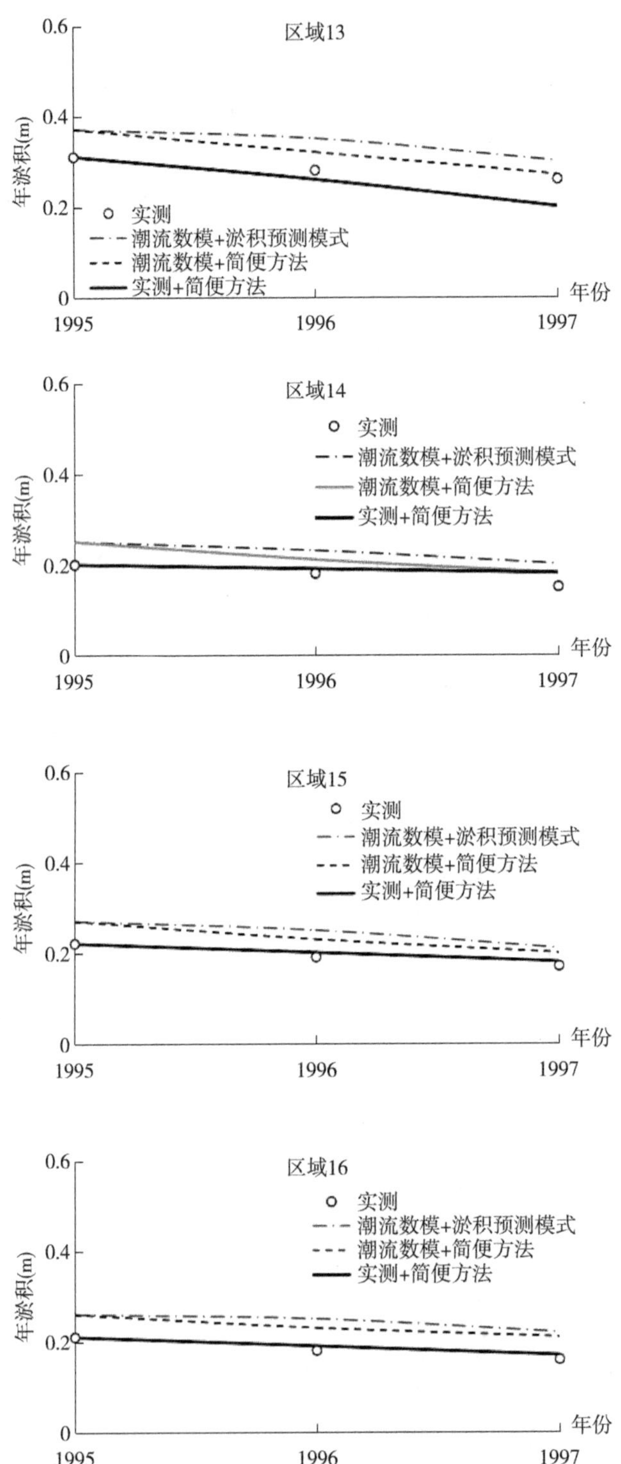
区域13
0.6
0.4
0.2
0
年淤积(m)
实测
潮流数模+淤积预测模式
潮流数模+简便方法
实测+简便方法
年份
1995
1996
1997
区域14
0.6
0.4
0.2
0
年淤积(m)
实测
潮流数模+淤积预测模式
潮流数模+简便方法
实测+简便方法
年份
1995
1996
1997
区域15
0.6
0.4
0.2
0
年淤积(m)
实测
潮流数模+淤积预测模式
潮流数模+简便方法
实测+简便方法
年份
1995
1996
1997
区域16
0.6
0.4
0.2
0
年淤积(m)
实测
潮流数模+淤积预测模式
潮流数模+简便方法
实测+简便方法
年份
1995
1996
1997

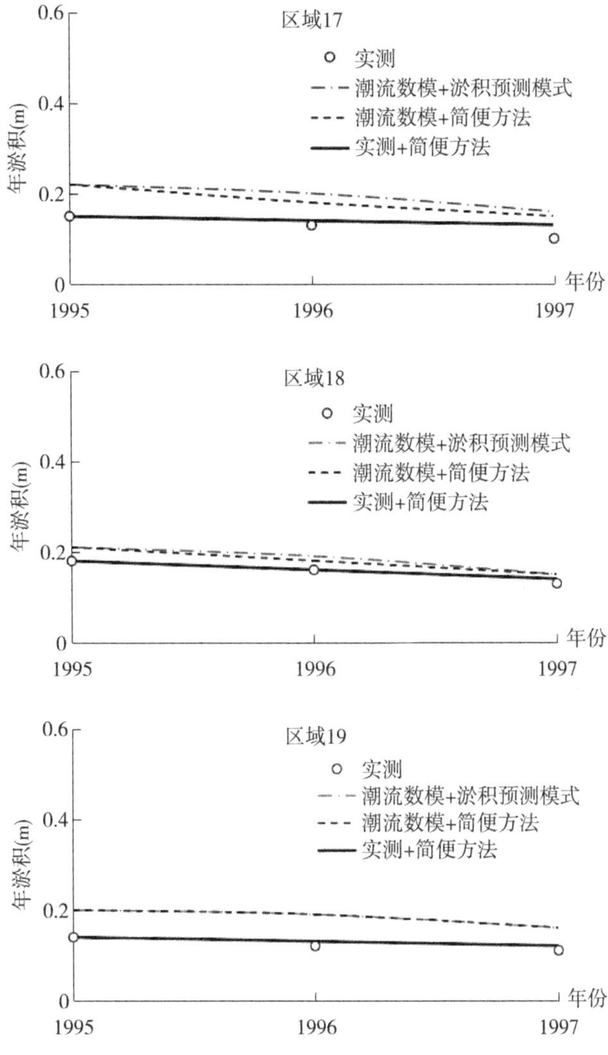

图 10.4.3-1　各种计算方法计算结果比较

10.5　课后思考题

(1) 简述河口海岸边滩泥沙运动特征。

(2) 简述边滩促淤工程的特点，并说明为什么开展边滩促淤工程。

(3) 简要说明围垦工程后水动力环境及泥沙环境变化。

(4) 说说河口海岸泥沙运动与河流泥沙运动特征及泥沙来源的差异有哪些？

(5) 说明河流及河口海岸泥沙沉速的变化及影响因素。

(6) 思考泥沙沉降几率的物理含义及其取值范围。

(7) 尝试说说泥沙沉速的计算方法及绕流形态。

(8) 讨论边滩促淤围垦工程的冲刷与淤积计算的差异，并说明产生差异的原因。

(9) 试阐述多年回淤简便预测模式中各个参数的含义，并说明各个参数取值的依据。

(10) 说明促淤围垦回淤公式中各个参数的取值情况。

(11) 试讨论多年回淤简便预测模式中的系数 K 如何取值更为合理。

(12) 试说明回淤预测模式中的挟沙力公式怎么确定？

(13) 说说多年回淤预测公式与年回淤预测公式的差异及原因。

(14) 阐述淤积历时如何计算更为合理。

(15) 试推导边滩促淤围垦工程回淤预测模式的过程。

第 11 章　桩墩基础冲刷

11.1　桩墩基础冲刷分类

桩墩基础冲刷一般可分为三种不同形式：自然演变冲刷，一般冲刷和局部冲刷[89]。

水流和泥沙相互作用，使河床平面及过水断面处于不断发展变化之中，即所谓河床自然演变冲刷，这种冲刷与桩墩的存在与否无关，可以理解为自然条件下水流引发的床面冲刷。一般冲刷是指桩墩建成后过水断面压缩导致的冲刷。流向桩墩基础的水流受到桩墩基础阻挡，桩墩周围的水流结构发生急剧变化，从而导致的冲刷现象为局部冲刷。

底床的自然演变是一个相当复杂的过程，很多学者都对该课题进行了研究，这里不作详细介绍。相对于河流而言，海洋环境的空间更加宽广，桩、墩之间的束流冲刷现象较河道中微弱很多。

根据来流流速与底床泥沙的临界起动流速之间的关系，桩、墩基础冲刷还可以分为清水冲刷和动床冲刷。当来流流速 V 小于底床泥沙的临界起动流速 V_c 时，所形成的桥墩冲刷为清水冲刷；当来流流速 V 大于等于底床泥沙的临界起动流速 V_c 时，所形成的冲刷为动床冲刷。

根据底床泥沙的特性还可以将桩墩冲刷分为非黏性土底床桩墩基础局部冲刷和黏性土底床桩墩基础局部冲刷。

11.2　一般冲刷[90]

11.2.1　非黏性土一般冲刷

非黏性土底床的一般冲刷，分为槽及滩按照下列公式计算。

(1) 槽部分

① 64-2 简化式

$$h_p = 1.04\left(A_d \frac{Q_2}{Q_c}\right)^{0.90}\left[\frac{B_c}{(1-\lambda)\mu B_{cg}}\right]^{0.666} h_{cm} \tag{11.2-1}$$

$$Q_2 = \frac{Q_c}{Q_c + Q_{t1}} Q_p \tag{11.2-2}$$

$$A_d = \left(\frac{\sqrt{B_z}}{H_z}\right)^{0.15} \tag{11.2-3}$$

式中：h_p 为一般冲刷后的最大水深；

Q_p 为设计流量；

Q_2 为槽部分通过的设计流量，当槽能扩宽至全桥时取用 Q_p；

Q_c 为天然状态下槽部分设计流量；

Q_{t1} 为天然状态下滩部分设计流量；

B_c 为天然状态下槽宽度；

B_{cg} 为桥长范围内槽宽度，当槽能扩宽至全桥时取用桥孔总长度；

B_z 为造床流量下的槽宽度，对复式河床可取平滩水位时槽宽度；

λ 为设计水位下，在 B_{cg} 宽度范围内，桩墩阻水总面积与过水面积的比值；

μ 水流侧向压缩系数，按表 11.2.1-1 确定；

h_{cm} 为槽最大水深；

A_d 为单宽流量集中系数，山前变迁、游荡、宽滩河段当 $A_d > 1.8$ 时，A_d 值可采用 1.8；

H_z 为造床流量下的槽平均水深，对复式河床可取平滩水位时槽平均水深。

表 11.2.1-1　水流侧向压缩系数值

设计流速 v_s(m/s)	单孔净跨径 L_0(m)								
	≤10	13	16	20	25	30	35	40	45
<1	1.00	1.00	1.00	1.00	1.00	1.00	1.00	1.00	1.00
1.0	0.96	0.97	0.98	0.99	0.99	0.99	0.99	0.99	0.99
1.5	0.96	0.96	0.97	0.97	0.98	0.98	0.98	0.99	0.99
2.0	0.93	0.94	0.95	0.97	0.97	0.98	0.98	0.98	0.98
2.5	0.90	0.93	0.94	0.96	0.96	0.97	0.97	0.98	0.98
3.0	0.89	0.91	0.93	0.95	0.96	0.96	0.97	0.97	0.98
3.5	0.87	0.90	0.92	0.94	0.95	0.96	0.96	0.97	0.97
≥4	0.85	0.88	0.91	0.93	0.94	0.95	0.96	0.96	0.97

需要注意的是，表 11.2.1-1 中的系数指的是墩台侧面因漩涡形成滞留区而减少过水面积的折减系数；当单孔净跨径 $L_0 > 45$ m 时，可按 $\mu = 1 - 0.375\frac{v_s}{L_0}$ 计算。对不等跨的桥孔，可采用各孔净跨径 $L_0 > 200$ m 时，取 $\mu \approx 1.0$。

② 64-1 修正式

$$h_p = \left[\frac{A_d \dfrac{Q_2}{\mu B_{cj}} \left(\dfrac{h_{cm}}{h_{cq}} \right)^{\frac{5}{3}}}{E \bar{d}^{\frac{1}{6}}} \right]^{\frac{3}{5}} \tag{11.2-4}$$

式中：B_{cj} 为槽部分桥孔过水净宽，当桥下槽能扩展至全桥时，即为全桥桥孔过水净宽；

h_{cq} 为桥下槽平均水深；

$\bar{d}$ 为槽泥沙平均粒径；

E 为与汛期含沙量有关的系数，可按表 11.2.1-2 选用。

表 11.2.1-2　与汛期含沙量有关的系数 E 值

含沙量 ρ(kg/m³)	<1	1～10	>10
E	0.46	0.66	0.86

需要注意的是，表 11.2.1-2 中的含沙量采用历年汛期月最大含沙量的平均值。

(2) 滩部分

$$h_p = \left[\frac{A_d \dfrac{Q_1}{\mu B_{tj}} \left(\dfrac{h_{tm}}{h_{tq}} \right)^{\frac{5}{3}}}{v_{H1}} \right]^{\frac{5}{6}} \tag{11.2-5}$$

$$Q_1 = \frac{Q_{t1}}{Q_c + Q_{t1}} Q_p \tag{11.2-6}$$

式中：Q_1 为滩部分通过的设计流量；

h_{tm} 为滩最大水深；

h_{tq} 为滩平均水深；

B_{tj} 为滩部分桥孔净长；

v_{H1} 为滩水深 1 m 时非黏性土不冲刷流速，可按表 11.2.1-3 选用。

表 11.2.1-3　水深 1 m 时非黏性土不冲刷速度[90]

河床泥沙		$\bar{d}$(mm)	v_{H1}(m/s)	河床泥沙		$\bar{d}$(mm)	v_{H1}(m/s)
沙	细	0.05～0.25	0.32～0.35	卵石	细	20～40	1.50～2.00
	中	0.25～0.50	0.35～0.40		中	40～60	2.00～2.30
	粗	0.50～2.00	0.40～0.60		粗	60～200	2.30～3.60
圆砾	小	2.00～5.00	0.60～0.90	漂石	小	200～400	3.60～4.70
	中	5.00～10.00	0.90～1.20		中	400～800	4.70～6.00
	大	10～20	1.20～1.50		大	>800	>6.00

11.2.2 黏性土一般冲刷

与非黏性土类似，黏性土床面的一般冲刷同样需要分为槽和滩分别进行计算。

(1) 槽部分

$$h_p = \left[\frac{A_d \dfrac{Q_2}{\mu B_{cj}} \left(\dfrac{h_{cm}}{h_{cq}}\right)^{\frac{5}{3}}}{0.33\left(\dfrac{1}{I_L}\right)}\right]^{\frac{5}{8}} \tag{11.2-7}$$

式中：A_d 为单宽流量集中系数，取 1.0～1.2；

I_L 为冲刷坑范围内的黏性土液性指数，适用范围为 0.16～1.19。

(2) 滩部分

$$h_p = \left[\frac{A_d \dfrac{Q_2}{\mu B_{tj}} \left(\dfrac{h_{tm}}{h_{tq}}\right)^{\frac{5}{3}}}{0.33\left(\dfrac{1}{I_L}\right)}\right]^{\frac{6}{7}} \tag{11.2-8}$$

式中：参量意义同上。

11.2.3 一般冲刷后墩前行近流速

(1) 当采用式 11.2-1 计算一般冲刷时，一般冲刷后的墩前行近流速可按照下式计算：

$$v = \frac{A_d{}^{0.1}}{1.04}\left(\frac{Q_2}{Q_c}\right)^{0.1}\left[\frac{B_c}{\mu(1-\lambda)B_{cg}}\right]^{0.34}\left(\frac{h_{cm}}{h_c}\right)^{\frac{2}{3}} v_c \tag{11.2-9}$$

式中：v 为一般冲刷后墩前行近流速；

v_c 为河槽平均流速；

h_c 为河槽平均水深。

(2) 当采用式 11.2-4 计算一般冲刷时，一般冲刷后的墩前行近流速可按照下式计算：

$$v = E\bar{d}^{\frac{1}{6}} h_p^{\frac{2}{3}} \tag{11.2-10}$$

(3) 当采用式 11.2-5 计算一般冲刷时，一般冲刷后的墩前行近流速可按照下式计算：

$$v = v_{H1} h_p^{\frac{1}{5}} \tag{11.2-11}$$

(4) 当采用式 11.2-7 计算一般冲刷时，一般冲刷后的墩前行近流速可按照下式计算：

$$v = \frac{0.33}{I_L} h_p^{\frac{3}{5}} \tag{11.2-12}$$

(4) 当采用式 11.2-8 计算一般冲刷时，一般冲刷后的墩前行近流速可按照下式计算：

$$v = \frac{0.33}{I_L} h^{\frac{1}{\beta}} \tag{11.2-13}$$

11.3 单向流局部冲刷[90]

11.3.1 非黏性土局部冲刷

1964 年，桥渡冲刷学术会议假定清水冲刷深度 h_b 与行近流速呈线性关系；动床冲刷深度随行近流速呈下凹曲线。1965 年，中国讨论制定了局部冲刷 65-2 式来计算桥墩局部冲刷，随后总结了多年使用的经验，并进行了补充试验，对 65-2 式进行修正，得出 65-2 修正式并成为 JTJ062-91 的规范公式。但是，65-2 修正式在 $v > v_0$（v_0 为泥沙起动流速）后出现冲刷深度随墩前行近流速的增大而减小的情况，以至于精度不高，在 JTG C30—2015《公路工程水文勘测设计规范》中，桩墩局部冲刷建议采用 65-2 式和 65-1 修正式计算。

(1) 局部冲刷 65-2 式

$$h_b = \begin{cases} K_\xi K_{\eta 2} b^{0.6} h_p^{0.15} \left(\dfrac{v - v_0'}{v_0}\right) & (v \leqslant v_0) \\ K_\xi K_{\eta 2} b^{0.6} h_p^{0.15} \left(\dfrac{v - v_0'}{v_0}\right)^{n_2} & (v > v_0) \end{cases} \tag{11.3-1}$$

$$K_{\eta 2} = \frac{0.0023}{\bar{d}^{2.2}} + 0.375\bar{d}^{0.24} \tag{11.3-2}$$

$$v_0 = 0.28(\bar{d} + 0.7)^{0.5} \tag{11.3-3}$$

$$v_0' = 0.12(\bar{d} + 0.5)^{0.55} \tag{11.3-4}$$

$$n_2 = \left(\frac{v_0}{v}\right)^{0.23 + 0.19\lg\bar{d}} \tag{11.3-5}$$

式中：h_p 为局部冲刷深度；

K_ξ 为墩形系数，可按表 11.3.1-1 选用；

b 为墩计算宽度；

$\bar{d}$ 为床面泥沙平均粒径；

$K_{\eta 2}$ 为河床颗粒影响系数；

v 为一般冲刷后墩前行近流速；

v_0 为床面泥沙起动流速；

v_0' 为墩前泥沙始冲流速；

n_2 为指数。

表 11.3.1-1　墩形系数及墩宽计算表[90]

<table>
<tr><th>编号</th><th>墩形示意图</th><th>墩形系数 K_ξ</th><th>桥墩计算宽度 B_1</th></tr>
<tr><td>1</td><td>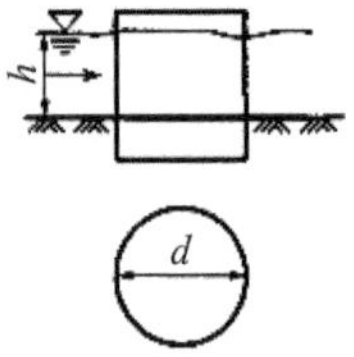</td><td>1.00</td><td>$B_1 = d$</td></tr>
<tr><td>2</td><td>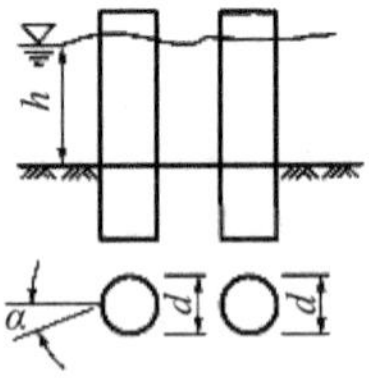</td><td>不带联系梁：K_ξ =1.00
带联系梁：<table><tr><td>α</td><td>0°</td><td>15°</td><td>30°</td><td>45°</td></tr><tr><td>K_ξ</td><td>1.00</td><td>1.05</td><td>1.10</td><td>1.15</td></tr></table></td><td>$B_1 = d$</td></tr>
<tr><td>3</td><td>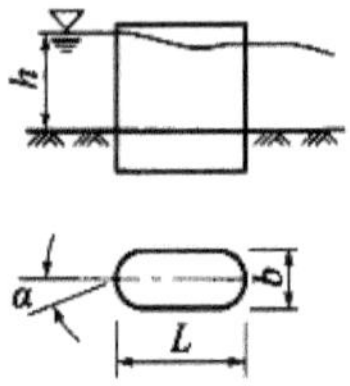</td><td>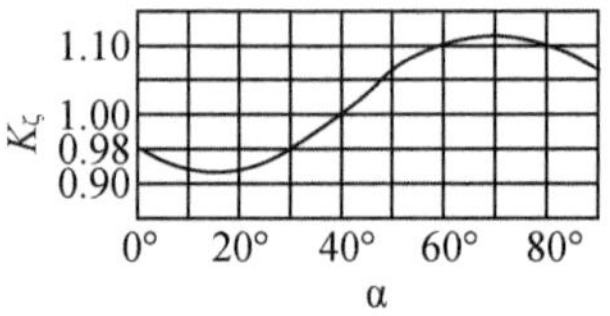</td><td>$B_1 = (L - b)\sin\alpha + b$</td></tr>
<tr><td>4</td><td>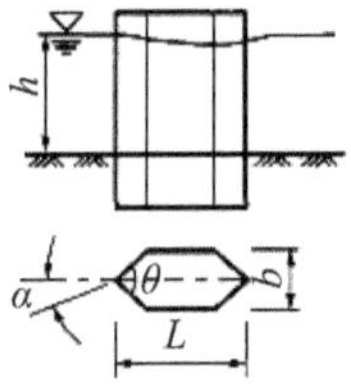</td><td><table><tr><td rowspan="2">与水流正交时各种迎水角系数</td><td>θ</td><td>45°</td><td>60°</td><td>75°</td><td>90°</td><td>120°</td></tr><tr><td>K_ξ</td><td>0.70</td><td>0.84</td><td>0.90</td><td>0.95</td><td>1.10</td></tr></table>迎水角 $\theta = 90°$ 与水流斜交时的系数 K_ξ
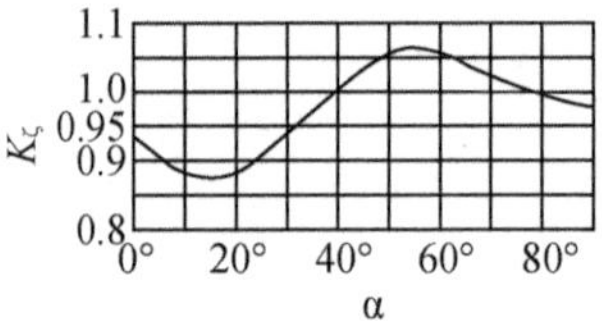</td><td>$B_1 = (L - b)\sin\alpha + b$
（为了简化可按圆端墩计算）</td></tr>
<tr><td>5</td><td>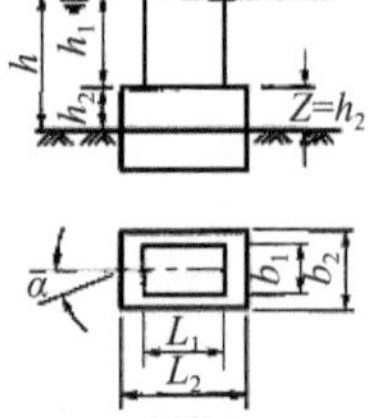</td><td>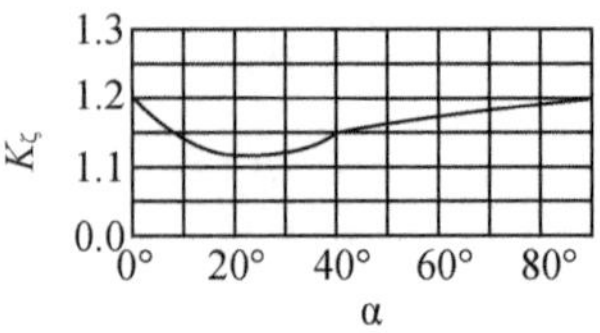</td><td>与水流正交
$B_1 = \dfrac{b_1 h_1 + b_2 h_2}{h}$
与水流斜交
$B_1 = \dfrac{B_1' h_1 + B_2' h_2}{h}$
$B_1' = L_1 \sin\alpha + b_1 \cos\alpha$
$B_2' = L_2 \sin\alpha + b_2 \cos\alpha$</td></tr>
</table>

续　表

编号	墩形示意图	墩形系数 K_ξ	桥墩计算宽度 B_1
6	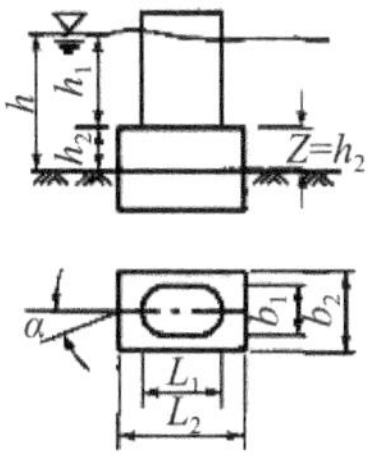 h，h_1，h_2，$Z=h_2$，α，b_1，b_2，L_1，L_2	$K_\xi = K_{\xi1}K_{\xi2}$ 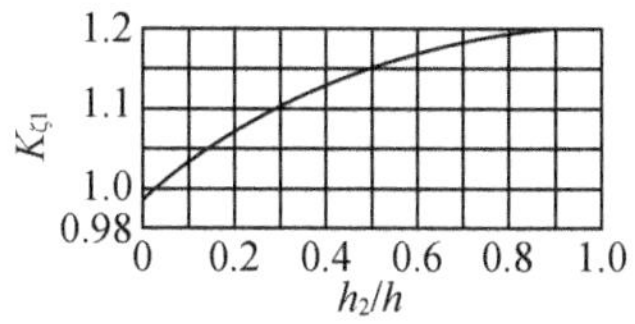 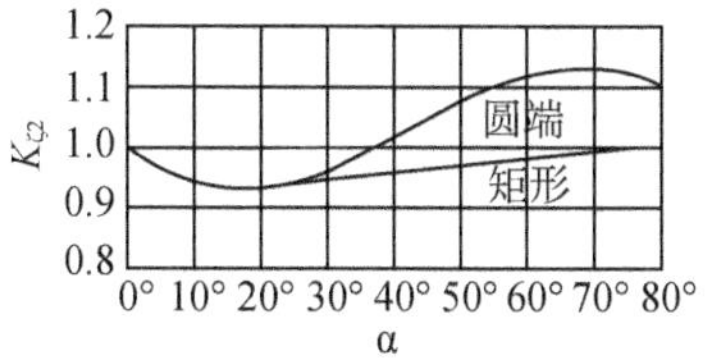 $K_{\xi1}$：1.2，1.1，1.0，0.98；h_2/h：0，0.2，0.4，0.6，0.8，1.0 $K_{\xi2}$：1.2，1.1，1.0，0.9，0.8；α：0°，10°，20°，30°，40°，50°，60°，70°，80°；圆端，矩形 注：沉井与墩身的 $K_{\xi2}$ 相差较大时，根据 h_1h_2 的大小，在两线间按比例定点取值	与水流正交时 $B_1 = \dfrac{b_1h_1 + b_2h_2}{h}$ 与水流斜交时 $B_1 = \dfrac{B_1'h_1 + B_2'h_2}{h}$ $B_1' = (L_1 - b_1)\sin\alpha + b_1$ $B_2' = L_1\sin\alpha + b_2\cos\alpha$
7	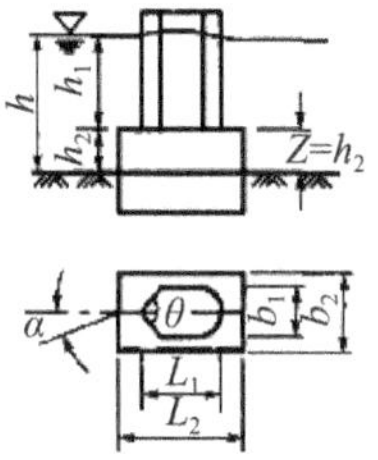 h，h_1，h_2，$Z=h_2$，α，θ，b_1，b_2，L_1，L_2	与水流正交时 $K_\xi = K_{\xi1}$ 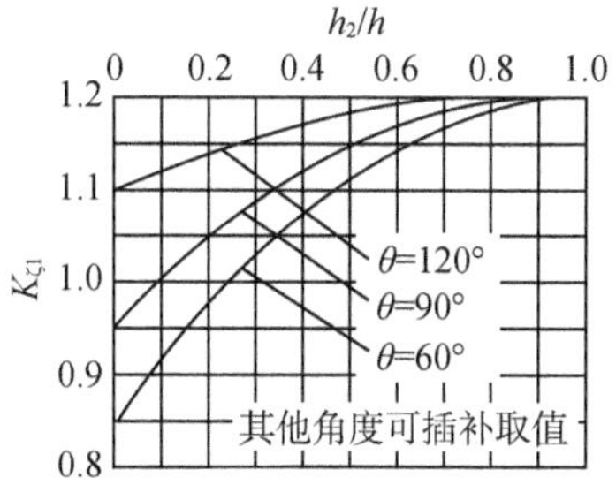 h_2/h：0，0.2，0.4，0.6，0.8，1.0；$K_{\xi1}$：1.2，1.1，1.0，0.9，0.8；θ=120°，θ=90°，θ=60°；其他角度可插补取值 迎水角 $\theta = 90^\circ$ 与水流斜交时 $K_\xi = K_{\xi1}K_{\xi2}$ 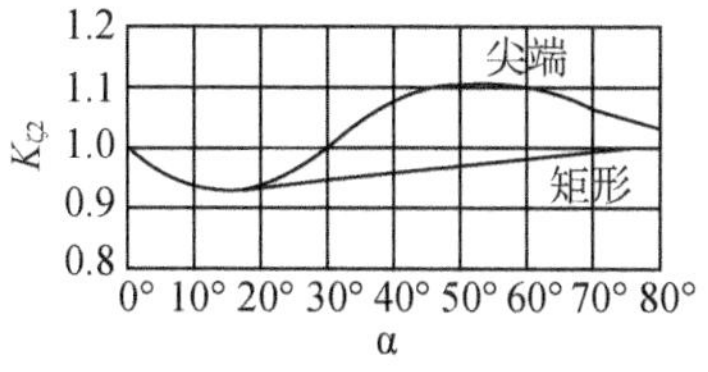 $K_{\xi2}$：1.2，1.1，1.0，0.9，0.8；α：0°，10°，20°，30°，40°，50°，60°，70°，80°；尖端，矩形 注：沉井与墩身的 $K_{\xi2}$ 相差较大时，根据 h_1h_2 的大小，在两线间按比例定点取值	与水流正交时 $B_1 = \dfrac{b_1h_1 + b_2h_2}{h}$ 与水流斜交时 $B_1 = \dfrac{B_1'h_1 + B_2'h_2}{h}$ $B_1' = (L_1 - b_1)\sin\alpha + b_1$ $B_2' = L_2\sin\alpha + b_2\cos\alpha$
8	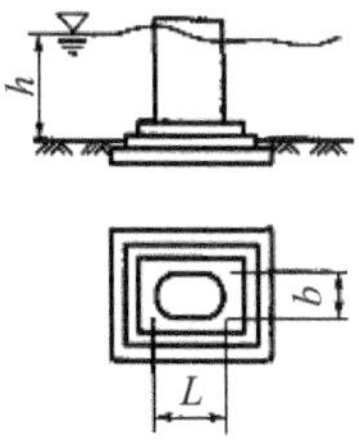 h，b，L	采用与水流正交时的墩形系数	与水流正交时 $B_1 = b$ 与水流斜交时 $B_1 = (L-b)\sin\alpha + b$

续 表

编号	墩形示意图	墩形系数 K_ξ	桥墩计算宽度 B_1
9	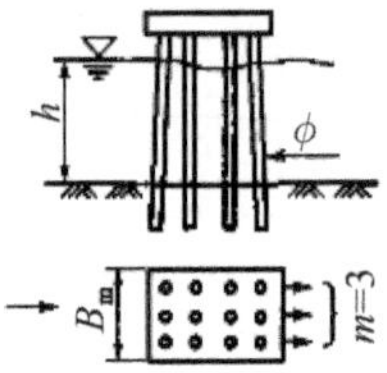	$K_\xi = K_\xi' K_{m\phi}$ K_ξ' — 单桩形状系数，按编号(1)、(2)、(3)、(5)墩形确定(如多为圆柱，$K_\xi' = 1.0$ 可省略)； $K_{m\phi}$ — 桩群系数，$K_{m\phi} = 1 + 5\left[\frac{(m-1)\phi}{B_m}\right]$； B_m — 桩群垂直水流方向的分布宽度； m — 桩的排数	$B_1 = \phi$
10	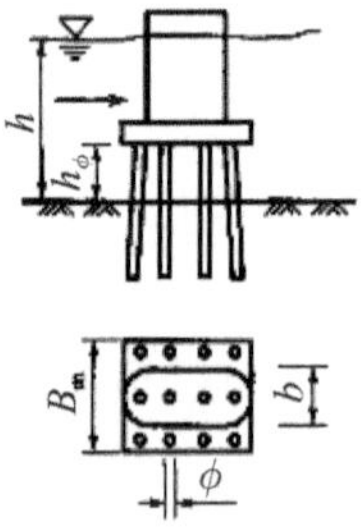	桩承台、桥墩局部冲刷计算方法 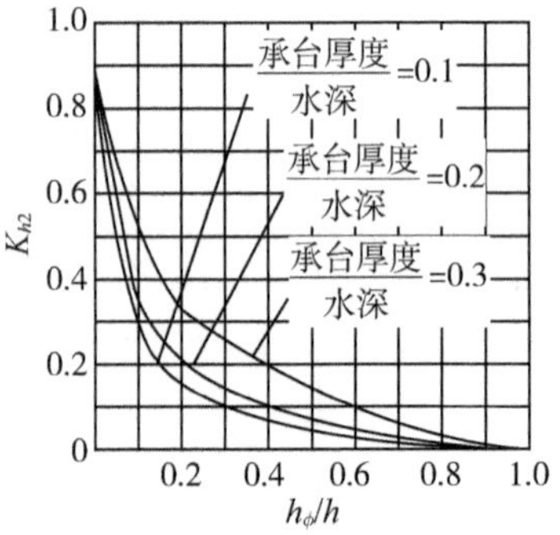 当承台底面低于一般冲刷线时，按上部实体计算；承台底面高于水面应按排架墩计算，承台底面相对高度在 $0 \leqslant h\phi/h \leqslant 1.0$ 时，冲刷深度 h_b 按下式计算：$h_b = (K_\xi' K_{m\phi} K_{h\phi} \phi^{0.6} + 0.85 K_{\xi 1} K_{h2} B_1^{0.6}) K_{\eta 1} (v_0 - v_0') \times \left(\frac{v - v_0'}{v_0 - v_0'}\right)^{n1}$ $K_{h\phi}$ — 淹没柱体折减系数，$K_{h\phi} = 1.0 - \frac{0.001}{(h_\phi/h + 0.1)^3}$ $K_{\xi 1} B_1$ — 按承台底处于一般冲刷线计算； K_{h2} — 墩身承台减少系数； $K_{\eta 1}$、v、v_0、v_0'、n，见 65-1 式； K_ξ'、$K_{m\phi}$ 见编号(9)	
11	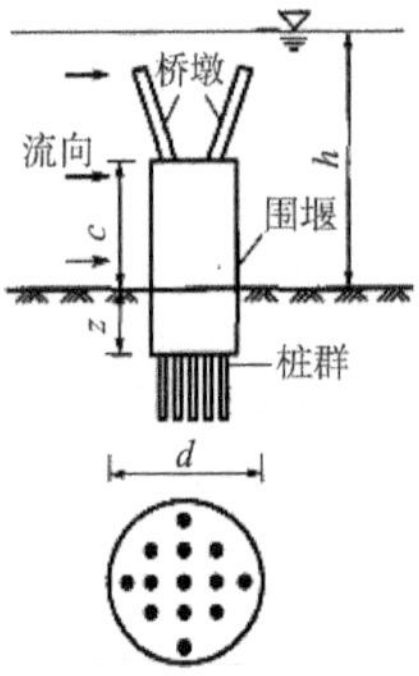	按下式计算局部冲刷深度 h_b： $h_b = k_{cd} h_{by}$ $k_{cd} = 0.2 + 0.4\left(\frac{c}{h}\right)^{0.3}\left[1 + \left(\frac{z^{0.6}}{h_{by}}\right)\right]$ k_{cd} — 大直径围堰群桩墩形系数； h_{by} — 按编号(1) 墩形计算的局部冲刷深度。 适用范围：$0.2 \leqslant \frac{c}{h} \leqslant 1.0$，$0.2 \leqslant \frac{z}{h_{by}} \leqslant 1.0$	$B_1 = d$

续 表

编号	墩形示意图	墩形系数 K_ξ	桥墩计算宽度 B_1
12	桥墩 流向 桩 床面	按下式计算局部冲刷深度 h_b： $h_b=k_a k_{zh} h_{by}$ $k_{zh}=1.22h_{by}k_{h2}\left(1+\frac{h_\phi}{h}\right)+1.18\left(\frac{\phi}{B_1}\right)^{0.6}\frac{h_\phi}{h}$ $k_a=-0.57a^2+0.57a+1$ h_{by} 一按编号(1)墩形计算的局部冲刷深度； k_{zh} 一"工"字承台大直径基桩组合墩形系数； h_ϕ 一桥轴法线与流向的夹角(以弧度计)。 适用范围：$D=2\phi$ $0.2<\frac{h_2}{h}<0.5, 0<\frac{h_\phi}{h}<1.0$ $\alpha=0\sim0.785$	B_1

(2) 局部冲刷 65-1 修正式

$$h_p=\begin{cases}h_b=K_\xi K_{\eta1}b^{0.6}h_p^{0.15}(v-v_0') & (v\leqslant v_0)\\ h_b=K_\xi K_{\eta1}b^{0.6}(v_0-v_0')\left(\frac{v-v_0'}{v_0-v_0'}\right)^{n_1} & (v>v_0)\end{cases} \tag{11.3-6}$$

$$v_0=0.0246\left(\frac{h_p}{\bar{d}}\right)^{0.14}\sqrt{332\bar{d}+\frac{10+h_p}{\bar{d}^{0.72}}} \tag{11.3-7}$$

$$K_{\eta1}=0.8\left(\frac{1}{\bar{d}^{0.45}}+\frac{1}{\bar{d}^{0.15}}\right) \tag{11.3-8}$$

$$v_0'=0.462\left(\frac{\bar{d}}{b}\right)^{0.06}v_0 \tag{11.3-9}$$

$$n_1=\left(\frac{v_0}{v}\right)^{0.25\bar{d}^{0.19}} \tag{11.3-10}$$

式中：$K_{\eta1}$ 为河床颗粒影响系数；

n_1 为指数；

$\bar{d}$ 为床面泥沙平均粒径，适用范围为 0.1～500 mm；

h_p 为一般冲刷后的最大水深，适用范围为 0.2～30 m；

v 为一般冲刷后墩前行近流速，适用范围 0.1～6 m/s；

b 为桥墩计算宽度，适用范围 0～11 m。

11.3.2 黏性土局部冲刷

黏性土与非黏性土相比，表面的物理化学作用比较突出，黏性土胶体带电，吸引异号离子和水分子，在颗粒表面形成双电层。黏性土之间的黏结力越大，抗冲能力越强。黏性土颗粒还有絮凝现象，研究清楚其机理更加困难。因此，黏性土条件下的桥墩冲刷需要考虑表示土壤物理力学性质的液性指数 I_L。

根据JTGC30－2015《公路工程水文勘测设计规范》规定黏性土局部冲刷计算公式为：

$$h_b=\begin{cases}0.83K_\xi b^{0.6}I_L^{1.25}V & \left(\dfrac{h_p}{b}\geqslant 2.5\right)\\ 0.55K_\xi b^{0.6}h_p^{0.1}I_L^{1.25}V & \left(\dfrac{h_p}{b}<2.5\right)\end{cases}\tag{11.3-11}$$

式中：V 为一般冲刷后的垂线平均流速；

I_L 为黏性土液性指数，适用范围为 0.16～1.48。

此公式采用黏土、黏沙土、沙黏土情况下的桥墩冲刷实测资料进行了验证，目前在国内普遍使用。

11.4 非单向流局部冲刷

11.4.1 双向流局部冲刷[89]

潮汐双向流条件下的局部冲刷更加复杂，与单向流作用的局部冲刷相比，在一个潮周期内水流是不断变化的，而且涨潮时相反方向的水流会使冲刷最大深度变小，由于潮流的双向性，桥墩的两端都成了迎水面，都会被水流冲刷，形成马蹄形的冲刷坑。

2000 年美国行业标准中提出了“潮汐河道冲刷”的行业规范，是在世界范围内首次提出了潮汐水流下桥墩局部冲刷的工业应用规范。规范认为，潮汐水道与单向河流有着同样的冲刷机理，现行公式虽然不能预测历时演变过程，但是能够预测冲刷深度；虽然潮汐水道的水流条件有所不同，但是对水流条件进行评价以后，认为非潮汐河流的公式可以用来预测潮汐河流的局部冲刷。

我国对于潮流作用下的桥墩局部冲刷的机理和冲刷特性方面研究还处于起步阶段，对于冲刷过程、冲刷坑形态、冲刷深度等主要方面做了一定的试验研究。韩玉芳、陈志昌通过水槽试验研究指出：与单向流作用下的桥墩局部冲刷过程相比，潮汐往复流作用下在一个潮周期内有相当长时间的小流速和憩流时间，冲刷过程平衡需要更长的时间。并且，以涨落潮最大流速与单向流平均流速相一致的情况进行对比，两者的最大冲刷深度是基本一致的。

但是，铁道科学研究院在汕头妈屿跨海大桥和钱塘江二桥等研究中，以及南京水利科学研究院卢中一等人对苏通大桥的研究发现，潮流最大冲深比单向流冲深要小，大约为其 75％～90％。当然，现阶段关于单向流和双向流局部冲刷之间的差异的实测资料还有限，有待进一步探究。

11.4.2　波浪作用下局部冲刷

随着建筑物尺度的改变，波浪场受到的影响将发生变化，从而引起不同的冲刷过程和冲刷深度，如表 11.4.2-1 所示，其中，D 为建筑物尺度，L_w 为波长。

表 11.4.2-1　建筑物尺度对波浪场及局部冲刷的影响[91]

D/L_w	反射系数 K	建筑物对波浪场的影响	建筑物形态分类	建筑物对局部冲刷的影响
$D/L_w<0.2$	$K<1.1$	影响很小，可忽略不计	桩式	基本没有冲刷
$0.2<D/L_w\leqslant0.75$	$1.1.<K<1.9$	引起波浪绕射或反射	墩式	有影响
$D/L_w>0.75$	$K=1.91-2.0$	轴线部位近似立墙前的全反射	近似直立墙	近似立墙前的冲刷形态

11.5　风电桩基础局部冲刷[89]

目前国际上比较常用的风电设计规范有：德国船级社推荐的 *Guideline forthe Certification of Offshore Wind Turbines*[92]，挪威船级社推荐的 DNV-OS-J101[93]，以及国际电工委员会推荐的 IEC 61400[94]。我国现行的风电设计规范主要参照了 IEC 61400 的相关内容。

对于风电基础冲刷，IEC 61400 规范认为应通过物理实验或者同等环境下已建工程的冲刷实例加以衡量；DNV 规范建议采用 Sumer[95] 公式进行预测；*Guideline forthe Certification of Offshore Wind Turbines* 规范则比较笼统地认为等于 2.5 倍桩径。

显然各家规范对于海上风电基础冲刷的预测有很大不同，有的仅给出了一个概化的固定数值，缺乏理论依据；有的则是直接引用波浪作用下单圆桩的冲刷公式，没有考虑细颗粒底床、复杂水动力条件和基础形式对冲刷的影响。因而，关于风电桩基础的局部冲刷还有待进一步研究。

11.6　课后思考题

（1）桩墩基础冲刷有哪些分类，根据什么进行分类？

（2）试谈谈海岸工程结构物的一般冲刷该怎么考虑？

（3）黏性土和非黏性土一般冲刷的差异在哪里，形成原因为何？

（4）试说说一般冲刷后计算行近流速的意义在哪里，为什么？

（5）黏性土和非黏性土局部冲刷的差异在哪里，造成这种差异的原因在哪里，计算中怎么来反映？

(6) 单向流局部冲刷和双向流局部冲刷有什么差别，在潮汐河口怎么进行考虑?

(7) 谈谈波浪作用下的局部冲刷和流作用下的局部冲刷的差别。

(8) 试阐述双向流作用下的局部冲刷坑形态，并与单向流及波浪作用下的冲刷坑形态进行对比。

(9) 试说说单向流局部冲刷时间和双向流局部冲刷过程的差异。

(10) 风电桩基础局部冲刷的研究能否直接应用单向流或双向流下的局部冲刷计算方法，为什么?

(11) 谈谈波流作用下的局部冲刷与单纯波浪作用下的局部冲刷的主要差异在哪里?

(12) 试说说局部冲刷坑形态特征有哪些?

(13) 试根据桩墩前绕流及泥沙运动基本理论，从理论上推导局部冲刷深度的一般表达式。

(14) 试说说桩墩结构形式的局部冲刷的具体研究思路和方向。

(15) 简要说明局部冲刷应重点考虑哪些方面的因素，举例说明。

参考文献

[1] 江恩惠，刘燕，李军华，等. 河道治理工程及其效用[M]. 郑州：黄河水利出版社，2008.

[2] 孙东坡，李国庆，朱太顺，等. 治河及泥沙工程[M]. 郑州：黄河水利出版社，1999.

[3] 胡四一. 人类活动对长江河口的影响与对策[J]. 人民长江，2009，40(9)：1-3.

[4] 王昌杰. 河流动力学[M]. 北京：人民交通出版社，2001.

[5] 王义刚. 河口盐水入侵垂向二维数值计算[D]. 南京:河海大学，1989.

[6] 恽才兴. 长江河口近期演变基本规律[M]. 北京：海洋出版社，2004.

[7] 祝慧敏. 海陆分界与中国沿海理论最高潮位研究[D]. 南京：河海大学，2011.

[8] 王瑾. 典型海岸带综合管理模型及其管理对策研究[D]. 北京：北京化工大学，2005.

[9] BILIANA C S. Sustainable Development and Integrated Coastal Management[J]. Ocean & Coastal Management,1993，21：11-43.

[10] TEMPLET P H. American Samoa：Establishing a coastal area management model for developing countries[J]. Coastal Zone Management Journal，1986,13(3-4)：241-264.

[11] 杨世伦. 海岸环境和地貌过程导论[M]. 北京：海洋出版社，2003.

[12] 乐大华. 我国的海岸线[J]. 中国国情国力,1993(2):74.

[13] 盛静芬，朱大奎. 海岸侵蚀和海岸线管理的初步研究[J]. 海洋通报，2002，21(4)：50-57.

[14] 冯浩鑑. 当代海平面变化现状与发展趋势[J]. 测绘通报，1999(1)：2-7.

[15] DOUGLAS B. C. Global Sea Level Rise[J]. Journal of Geophysical Research，1991,96(C4)：6981-6992.

[16] 陈吉余. 黄河河口及三角洲海岸治理问题[J]. 地球科学信息,1988(5):21-22+20.

[17] 朱大奎，许廷官. 江苏中部海岸发育和开发利用问题[J]. 南京大学学报(自然科学版),1982(3):799-818.

[18] 钱春林. 引滦工程对滦河三角洲的影响[J]. 地理学报,1994(2):158-166.

[19] 杨世伦.长江三角洲潮滩季节性冲淤循环的多因子分析[J].地理学报,1997(2):29-36.

[20] CHEN D, WANG Y, HUANG H, et al. A behavior-oriented formula to predict coastal bathymetry evolution caused by coastal engineering. Continental Shelf Research, 2017, 135: 47-57.

[21] 严恺,梁其荀.海岸工程[M].北京:海洋出版社,2002.

[22] 王利花,路鹏.大通水文站水沙变化特征分析[J].水土保持通报,2017,37(4):266-270.

[23] 赵季伟.长江口北港枯季水沙盐时空变化机理及悬沙浓度垂向结构研究[D].上海:华东师范大学,2019.

[24] 沈焕庭,潘定安.长江河口最大浑浊带[M].北京:海洋出版社,2001.

[25] 黄惠明,王义刚.长江河口主要汊道水流挟沙能力分析[J].水道港口,2007(6):381-386.

[26] ZHANG J. Ecological Continuum from the Changjiang (Yangtze River) Watersheds to the East China Sea Continental Margin[M]. Switzerland: Springer International Publishing, 2015.

[27] LIU H, HE Q, WANG Z B, et al. Dynamics and spatial variability of near-bottom sediment exchange in the Yangtze Estuary, China[J]. Estuarine Coastal and Shelf Science, 2010, 86(3): 322-330.

[28] 王晴.江苏沿海滩涂围垦对风浪场影响研究[D].南京:河海大学,2015.

[29] 刘铁锐.风浪场可视化[D].大连:大连理工大学,2002.

[30] 黄虎.海岸波浪场模型研究进展[J].力学进展,2001(4):592-610.

[31] 邱桔斐.江苏沿海风、浪特征研究[D].南京:河海大学,2005.

[32] KIM C K, Lee J S. A three-dimensional PC-based hydrodynamic model using an ADI scheme [J]. Coastal Engineering, 1994, 23: 271-287.

[33] HANS B, Ole P. Hybridization between s-and z-coordinates for improving the internal pressure gradient calculation in marine models with steep bottom slopes[J]. International Journal for Numerical Methods in Fluids, 1997, 25 (9) : 1003-1023.

[34] PHILIPS N A. A coordinate system having some special advantages for numerical forecasting [J]. Journal of the Meteorology, 1957, 14:184-185.

[35] 赵士清.长江口三维潮流的数值模拟[J].水利水运科学研究,1985(1):23-31.

[36] 窦振兴,杨连武,J Ozer.渤海三维潮流数值模拟[J].海洋学报(中文版),1993(5):1-15.

[37] 宋志尧,薛鸿超,严以新,等.潮汐动力场准三维值模拟[J].海洋工程,1998,16(3):54-61.

[38] 闫菊,王海,鲍献文.胶州湾三维潮流及潮致余环流的数值模拟[J].地球科学进展,

2001，16(2)：172-177.

[39] 杨陇慧，朱建荣，朱首贤．长江口杭州湾及邻近海区潮汐潮流场三维数值模拟[J]．华东师范大学学报(自然科学版)，2001(3)：74-84.

[40] 董耀华，惠晓晓，汪秀丽．海洋、海岸与河口泥沙运动研究综述[J]．水利电力科技，2009，35(2)：1-24.

[41] 张飞．岱山岛北部海岸工程水流泥沙数值模拟研究[D]．南京：河海大学，2010.

[42] 吕玉麟，赖国璋．近海浅水环流问题的数值模拟[J]．大连工学院学报，1981(1)：39-52.

[43] 谭维炎．计算浅水动力学——有限体积法的应用[M]．北京：清华大学出版社，1998.

[44] 张华庆，乐培九．钦州港港区流场的数值模拟[J]．水利水运科学研究，1994(Z1)：81-88.

[45] 董耀华，黄煜龄．河口潮流河段二维非恒定流数模研究及应用[J]．长江科学院院报，1995，12(1)：31-39.

[46] 张东生，蒋勤．江苏北部灌河口悬沙输送数学模型[J]．海洋学报，1991(1)：125-136.

[47] 金忠青．N-S方程的数值解及紊流模型[M]．南京：河海大学出版社，1989.

[48] 张霖．水沙物理模型试验的比尺效应研究[D]．南京：河海大学，2019.

[49] 交通运输部天津水运工程科学研究所．海岸与河口潮流泥沙模拟技术规程：TS/T231-2-2010[S]．北京：人民交通出版社，2010.

[50] 田向平．河口盐水入侵作用研究动态综述[J]．地球科学进展，1994(2)：29-34.

[51] 黄惠明．长江河口盐水入侵一、二维数值计算研究[D]．南京：河海大学，2006.

[52] 潘良宝．海平面上升对黄浦江潮位和潮量影响的数值计算[J]．海洋与湖沼，1993(2)：212-216.

[53] 黄惠明，王义刚．三峡及南水北调工程联合运行对长江河口盐水入侵影响初步研究[C]//中国水利学会2007学术年会人类活动与河口分会场论文集，2007：19-25.

[54] 杨桂山．三峡与南水北调工程建设及海平面上升对上海城市供水水质的可能影响[J]．地理科学，2001(2)：123-129.

[55] 茅志昌，沈焕庭，徐彭令．长江河口咸潮入侵规律及淡水资源利用[J]．地理学报，2000(2)：243-250.

[56] 朱留正．长江口盐度入侵问题[R]．南京：华东水利学院科学研究院，1980.

[57] 易家豪，叶雪祥．长江口二元盐度分布数学模型[R]．南京：长江口航道治理研究(二)，1983.

[58] 韩乃斌．长江口南北支两维氯度分布数学模型[R]．南京：南京水利科学研究院，1988.

[59] 李浩麟．长江口拦门沙航道盐水入侵二维数学模型研究[R]．南京：南京水利科学研究院，1993.

[60] 赵士清. 长江口盐水入侵二维数学模型的研究[R]. 南京：南京水利科学研究院，1993.

[61] WANG Y G, HUANG H M, LI X. Critical discharge at Datong for controlling operation of South-to-North Water Transfer Project in dry seasons[J]. Water Science and Engineering, 2008, 1(2): 47-58.

[62] 王义刚，朱留正. 河口盐水入侵垂向二维数值计算. 河海大学学报(自然科学版)，1991(4)：1-8.

[63] 李晓. 潮汐河口盐水入侵垂直二维数值计算[D]. 南京：南京水利科学研究院，1990.

[64] 匡翠萍. 长江口拦门沙冲淤及悬沙沉降规律研究和水流盐度泥沙数学模型[D]. 南京：南京水利科学研究院，1993.

[65] 吴毓儒. 长江口深水航道三维水动力与盐度数值模拟研究[D]. 天津：天津大学，2013.

[66] 徐福敏，严以新，茅丽华. 长江口九段沙下段冲淤演变水动力机制分析[J]. 水科学进展，2002，13(2)：166-171.

[67] 黄惠明. 南水北调东线二期工程规划抽江规模对长江口盐水入侵影响数学模型研究[R]. 南京：河海大学，2018.

[68] 杨同军. 长江河口盐水入侵二、三维数值模拟研究[D]. 南京：河海大学，2013.

[69] 李褆来，李谊纯，高祥宇，等. 长江口整治工程对盐水入侵影响研究[J]. 海洋工程，2005(3)：31-38.

[70] 施春香. 挡潮闸下游河道淤积原因分析及冲淤保港措施研究——以王港闸为例[D]. 南京：河海大学，2006.

[71] 徐和兴，徐锡荣. 潮汐河口闸下淤积及减淤措施试验研究[J]. 河海大学学报(自然科学版)，2001(6)：30-35.

[72] 施世宽. 东台沿海挡潮闸淤积成因及减淤防淤措施[J]. 中国农村水利水电，1999(5)：20-22.

[73] 刘冬林，施世宽，邹志国. 沿海挡潮闸减淤防淤措施的探讨[J]. 水利管理技术，1998(4)：36-39.

[74] 王宏江. 泥质河口闸下冲淤特性及冲淤量的分析预报[J]. 海洋工程，2002(4)：78-84.

[75] 张文渊. 苏北沿海挡潮闸下淤积的原因及其对策[J]. 泥沙研究，2000(1)：73-76.

[76] 王亦勤，杜选震. 淮河入海水道海口闸减淤对策研究[J]. 治淮，2003(2)：26-27.

[77] 于青松，刑玉卿. 子牙新河河口淤积原因及其整治对策分析[J]. 海河水利，2002(6)：29-30.

[78] 俞月阳，潘存鸿，韩曾萃. 曹娥江大闸闸下冲刷水槽试验的研究[J]. 浙江水利科技，2003(4)：18-19+30.

[79] 窦国仁. 潮汐水流中的悬沙运动及冲淤计算[J]. 水利学报，1963(8)：13-24.

[80] 窦国仁. 窦国仁论文集[M]. 北京：中国水利水电出版社，2003.

[81] 韩晓维，周文文，史斌. 双层挡潮闸水力冲淤试验研究[J]. 中国农村水利水电，2022 :1-9.

[82] 梁永立. 永定新河纳潮冲淤可行性分析[J]. 水利水电工程设计，2001，20(3)：14-17+52.

[83] 夏雪瑾. 连岛工程对周边水沙环境的影响研究[D]. 南京：河海大学，2009.

[84] 刘家驹. 在风浪和潮流作用下淤泥质浅滩含沙量的确定[J]. 水利水运科学研究，1988(2):69-73.

[85] 刘家驹. 海岸泥沙运动研究及应用[M]. 北京：海洋出版社，2009.

[86] 林祥. 河口海岸边滩围垦冲淤演变预报模式研究[D]. 南京：河海大学，1999.

[87] WANG Y G，LI X，LIN X. Analysis on Suspended Sediment Deposition Rate for Muddy Coast of Reclaimed Land[J]. China Ocean Engineering，2001，15(1)：147-153.

[88] 王义刚，林祥，冯卫兵. 计算淤泥质海岸围垦多年回淤强度的一种简便方法[J]. 河海大学学报，2000，28(6)：100-102.

[89] 袁春光. 海上风电基础最大冲刷深度研究[D]. 南京：河海大学，2017.

[90] 河北省交通规划设计院. 公路工程水文勘测设计规范:JTGC30-2015[S]. 北京:人民交通出版社股份有限公司.

[91] 黄建维，郭颖. 波浪作用下海上墩式建筑物周围局部冲刷的试验研究[J]. 海洋工程，1994(4)：29-41.

[92] GL-2012. Guideline for the Certification of Offshore Wind Turbines[S].

[93] DNV-OS-J101-2013. Design of Offshore Wind Turbine Structures[S].

[94] IEC 61400-3-2009. Wind turbines epart 3：design requirements for offshore wind turbines[S].

[95] SUMER B M，FREDSØE J，CHRISTIANSEN N. Scour around vertical pile in waves[J]. Journal of Waterway，Port，Coastal，Ocean Engineering，1992，118(1)：15-31.